Física do dia a dia

VOLUME 1

105 perguntas e respostas sobre Física fora da sala de aula

Organização
Regina Pinto de Carvalho

Participaram da coletânea:

Adalberto Bleme, Alisson Leandro Lima, Amanda Amantes Neiva, Carlos Eduardo Mendes, Cláudia Adriana de Souza, Geovane Rodrigues Ferreira, Glênon Dutra, Helbert Wagner R. Nascimento, Helbeth Araújo Sanches, Juarez Ubiratan Medeiros, Leandro de Paula Carvalho, Lucas Versiani P. Faro, Luigi R. Almeida Abreu, Maria Laura Furtado M. Silva, Mauro Sérgio de Amorim, Paulo Sérgio de Souza, Raquel Cândido da Silva, Renato Judice de Andrade, Révelson de Souza Lima, Rogério Lúcio de Almeida, Rozimeire Miranda Costa, Vanderlei Vilaça de Moura, Wellington Moreira dos Santos

Física do dia a dia

VOLUME 1

105 perguntas e respostas sobre Física fora da sala de aula

3ª edição
7ª reimpressão

autêntica

EDITORA RESPONSÁVEL
Rejane Dias

CAPA
Alberto Bittencourt

REVISÃO
Maria do Rosário Alves Pereira
Vera Lúcia De Simoni Castro

ILUSTRAÇÃO
Mirella Spinelli

DIAGRAMAÇÃO
Christiane Morais de Oliveira

Dados Internacionais de Catalogação na Publicação (CIP)
(Câmara Brasileira do Livro, SP, Brasil)

Física do dia a dia : 105 perguntas e respostas sobre física fora da sala de aula, volume 1 / organização Regina Pinto de Carvalho . 3. ed., 7. reimp. – Belo Horizonte: Autêntica Editora, 2023.

Vários autores.

ISBN 978-85-7526-553-6

1. Física - estudo e ensino. 2. Física - perguntas e respostas I.Carvalho, Regina Pinto de.

11-07058 CDD-530.07

Índices para catálogo sistemático:
1. Física : Estudo e ensino 530.07

GRUPO AUTÊNTICA

Belo Horizonte
Rua Carlos Turner, 420
Silveira . 31140-520
Belo Horizonte . MG
Tel.: (55 31) 3465 4500

São Paulo
Av. Paulista, 2.073,
Horsa I Sala 309 . Bela Vista
01311-940 . São Paulo . SP
Tel.: (55 11) 3034-4468

www.grupoautentica.com.br
SAC: atendimentoleitor@grupoautentica.com.br

Agradecemos aos professores Beatriz Alvarenga,
Marcio Quintão Moreno e Paulo Sérgio Soares Guimarães
pela cuidadosa revisão de conteúdo desta obra.

A frase mais emocionante
que se pode ouvir em Ciência, a que anuncia
novas descobertas, não é "Eureka!" (Descobri!),
mas "Isto é divertido..."
Isaac Asimov

Sumário

Introdução

Este livro é o resultado do trabalho realizado com os estudantes de Instrumentação para o Ensino da Física no 2º semestre de 1997, e deriva da nossa preocupação em procurar a Física na vida diária de cada cidadão.

Cada estudante contribuiu com uma a cinco questões, preparadas durante o ano letivo. Ao final do curso, as questões foram reunidas e revisadas para formar este livro.

Procuramos abordar fenômenos que ocorrem na vida diária das pessoas e explicá-los usando princípios físicos conhecidos, em linguagem acessível a um leitor leigo ou iniciante no estudo da Física. As questões foram agrupadas segundo assuntos do cotidiano e não porque derivam do mesmo princípio físico; assim, encontraremos em cada capítulo situações que ocorrem em dado ambiente (em casa, em viagens, etc.), mas que têm como causa física os mais diversos fenômenos da natureza (calor, eletricidade, movimento, etc.). O ambiente da "cozinha" mereceu um capítulo à parte por ser considerado a mais rica fonte de observação de fenômenos científicos conhecida pelos autores.

As respostas dadas a cada questão são curtas e procuram elucidar de forma simples e informal os fenômenos observados. O objetivo principal é mostrar que muitos eventos da vida cotidiana são facilmente explicados pela ciência, e que muitas vezes utilizamos o resultado do pensamento científico sem sabê-lo. Espera-se com isso incentivar a observação e o raciocínio científico do leitor.

Para o leitor interessado em se aprofundar no assunto, são propostas fontes de leitura suplementar em notas de rodapé (após cada questão). Note-se que a bibliografia citada nem sempre contém diretamente a resposta à questão, mas fornece elementos para se compreender o fenômeno e se chegar à resposta dada.

Algumas questões abordam fenômenos explicados por outras ciências (Matemática, Química, Biologia). Elas foram incluídas porque acreditamos que as respostas contêm o mesmo tipo de raciocínio científico usado no restante do livro.

No final de cada capítulo, aparecem questões mais sofisticadas, que exigem certa preparação do leitor, seja em termos de linguagem científica, seja em termos de formalismo matemático. Com essas questões, queremos mostrar que, embora possamos entender o universo sem necessidade de formalismo específico, o conhecimento desse formalismo aumenta e melhora nossa compreensão e pode nos proporcionar um prazer adicional na descoberta do mundo que nos rodeia.

Alguns leitores encontrarão situações que nunca observaram em sua vida diária, mostrando que diferenças climáticas, sociais ou culturais geram distintas formas de comportamento e observação do cotidiano. Essas questões servem para aguçar a curiosidade e o interesse do leitor em observar o seu entorno e em procurar saber como vivem outras pessoas.

Acreditamos, também, que o livro possa interessar a todo leitor curioso, mas principalmente aos alunos de Ciências (3ª série em diante), de Física (7ª e 8ª séries fundamentais e ensino médio), a seus pais e professores, e a muitos cientistas que se especializam em assuntos científicos e acabam por se esquecer de observar o que se passa em suas cozinhas.

O livro não é exaustivo, e pretendemos dar continuidade ao trabalho, acrescentando outras questões interessantes. Para isso, contamos com a colaboração dos leitores, que esperamos enviem sugestões e observações.

CAPÍTULO I

Em casa

1- Ao tirar a mesa do almoço, alguém empilhou os copos; dois deles não "quiseram" se "desgrudar". João sugeriu colocar água quente no copo de dentro e Maria sugeriu colocar os dois em um recipiente com água quente (de forma que somente o de fora ficasse em contato com a água). Qual dos dois acertou na solução do problema?

Resposta: Ao colocar o vidro em contato com a água quente, ele se dilata, como ocorre praticamente com qualquer material. Sendo o vidro um mau condutor de calor, se despejássemos água quente no copo de dentro, apenas ele se dilataria e dificultaria ainda mais a separação. Colocando-se somente o copo de fora em contato com a água quente, este aqueceria primeiro e se dilataria. Assim, seria mais fácil separá-los. Portanto, a melhor sugestão para facilitar a separação dos copos é a de Maria.[1]

Para saber mais sobre o assunto, leia:

[1] MÁXIMO, Antônio; ALVARENGA, Beatriz. *Física* – volume único. 2. ed. São Paulo: Scipione, 2007. p. 263.

(Compare esta pergunta com o cap. II-10 e o cap. IV-3)

2- Por que quando a televisão é ligada ou desligada ouvimos pequenos estalos? Por que os móveis também costumam estalar à noite?

Resposta: Ao aumentarmos a temperatura de um corpo, suas dimensões também aumentam, ou seja, o corpo se dilata. Da mesma forma, ao diminuirmos a temperatura de um corpo, observamos que ele se contrai. Assim, quando ligamos a televisão e aumentamos a temperatura de seus componentes, a caixa começa a se dilatar, causando pequenas alterações na estrutura do aparelho e provocando aqueles ruídos (vibrações do material que o constitui). De maneira semelhante, quando desligamos a televisão, sua estrutura, ao se contrair e voltar à forma primitiva, também emitirá ruídos resultantes de vibrações de partes do aparelho. À noite, devido à queda de temperatura, os móveis começam a se contrair, resultando nos "misteriosos" estalos (agora não mais misteriosos).[2]

3- Por que mesmo quando a vela não está de pé a chama fica para cima?

Resposta: A chama é formada por uma mistura de várias partículas (átomos, moléculas e íons), resultantes da combustão do pavio. Essa reação provoca a elevação da temperatura da chama, e o gás que a constitui se dilata. Assim, sua densidade se torna menor que a do ar, e ela tende a subir em relação ao ar que a envolve, tomando a direção vertical.[3]

Para saber mais sobre o assunto, leia:

[2] MÁXIMO, Antônio; ALVARENGA, Beatriz. *Curso de Física*. 6. ed. São Paulo: Scipione, 2005. v. 2, p. 17.

[3] MÁXIMO, Antônio; ALVARENGA, Beatriz. *Física* – volume único. 2. ed. São Paulo: Scipione, 2007. p. 272. ou REVISTA SUPERINTERESSANTE. Rio de

(Compare esta pergunta com o cap. I-6)

4- Por que é mais difícil fecharmos a porta de um carro com as janelas fechadas do que com uma delas aberta?

Resposta: Ao se fazer o movimento para fechar a porta, ela empurrará para dentro do carro certa quantidade de ar. Se as janelas estiverem fechadas, haverá um ligeiro aumento da pressão no interior do carro. A pressão interna torna-se, então, maior que a externa, dificultando o fechamento da porta. Se, entretanto, uma das janelas estiver aberta, a entrada de ar no carro, provocada pelo movimento da porta, será compensada pela saída de igual quantidade de ar pela janela. Nesse caso, não havendo alteração da pressão do interior do carro, a porta se fecha sem dificuldade.[4]

5- Por que aparecem "chuviscos" na televisão quando um canal está fora do ar?

Resposta: O "chuvisco" e o chiado são uma amostra da confusão eletromagnética que reina no nosso meio. Quando sintonizamos um canal em determinada emissora, o aparelho receptor capta sinais enviados por ela e os traduz em som e imagem. Se tentarmos sintonizar um canal que está fora do ar, não há nada sendo enviado pela emissora, mas a nossa atmosfera está cheia de ondas desordenadas, criadas pelo campo magnético da Terra, pelas turbinas de aviões, por outras torres de transmissão, etc. Temos até mesmo ondas eletromagnéticas vindas do espaço

---

Janeiro, Grupo Abril, n. 84, p. 80, set. 1994.

Para saber mais sobre o assunto, leia:

[4] MÁXIMO, Antônio; ALVARENGA, Beatriz. *Física* – volume único. 2. ed. São Paulo: Scipione, 2007. p. 156.

fora da Terra. É essa mistura que a televisão capta e traduz como chuvisco e chiado.[5]

6- Por que a fumaça do cigarro sobe de uma das pontas e desce da outra?

Resposta: A fumaça sai dos dois lados do cigarro, mas, do lado da brasa, ela sobe, e, do outro lado, ela desce. Isso ocorre porque a brasa esquenta o ar, tornando-o menos denso. Então, desse lado, origina-se uma corrente de ar ascendente que arrasta partículas de carvão, resultantes da combustão do fumo, que constituem a fumaça que se desloca para cima. Do outro lado, isso não ocorre porque o ar que arrasta as partículas de carvão está mais frio e um pouco mais denso em virtude da presença dessas partículas. Assim, a fumaça tende a cair.[6]

(Compare esta pergunta com o cap. I-3)

7- Para verificar se o ferro de passar roupa está quente, costuma-se lamber o dedo e tocar ligeiramente o ferro com ele. Por que não se queima o dedo ao fazer isso?

Resposta: Ao aproximar do ferro quente o dedo coberto de saliva, a camada desta que faz contato com o ferro se evapora, dando origem a uma camada gasosa má

---

[5] OREAR, Jay. *Fundamentos da Física*. Rio de Janeiro: LTC, 1982. v. 2, p. 316.

Para saber mais sobre o assunto, leia:

[6] PERELMAN, Y. *Physics for entertainment* - Book One. Moscou: Mir Publishers, 1977.

condutora de calor. Essa camada gasosa protege o dedo da queimadura que poderia ser causada pelo ferro em um contato direto.[7]

8- Se o vento "refresca", por que com sol e vento a roupa seca mais depressa do que com sol sem vento?

Resposta: Para uma roupa molhada se secar, há necessidade de provocarmos a evaporação da água absorvida por ela. Para isso, é necessário que algum calor seja cedido a essa roupa, para aumentar a energia cinética das moléculas de água, fazendo-as passar para o estado gasoso. Nesse processo, em volta da roupa forma-se uma camada de ar carregada de umidade que dificulta a evaporação de novas moléculas de água. O vento proporciona o afastamento dessa camada de ar úmido, substituído por ar mais seco que permite a continuidade da evaporação. Sem o vento, essa substituição seria mais demorada, retardando a secagem da roupa.

O vento refresca pelo mesmo motivo, uma vez que, tirando a camada de ar úmido presente na superfície de nossa pele por causa da evaporação do suor, facilita-se a evaporação de mais suor, retirando mais rapidamente do nosso organismo o calor necessário para que a evaporação ocorra.[8]

(Compare esta pergunta com o cap. VI-4 e o cap. VIII-5)

---

7 HALLIDAY, D.; RESNICK, R.; MERRIL, J. *Fundamentos de Física*. 3. ed. Rio de Janeiro: LTC, 1994. v. 2, p. 199.

Para saber mais sobre o assunto, leia:

8 MÁXIMO, Antônio; ALVARENGA, Beatriz. *Física* – volume único. 2. ed. São Paulo: Scipione, 2007. p. 305.

9- Por que a borracha é capaz de apagar o lápis?

Resposta: Para respondermos a esta questão, temos primeiramente que tentar entender o processo que ocorre quando escrevemos com um lápis sobre o papel: ao passarmos o lápis no papel, este tem dureza suficiente para riscar o lápis, e isso faz com que um pouco do grafite do lápis seja retirado e se deposite sobre o papel. Desmanchar o que foi escrito envolve a quebra de pequenas ligações elétricas que prendem o grafite ao papel. A borracha consegue realizar essa tarefa porque, ao ser atritada contra o papel escrito, consegue se aproximar suficientemente das moléculas de grafite, exercendo sobre elas uma força superior às forças que as ligam ao papel.[9]

10- Por que ao pegarmos na maçaneta de metal ela parece estar mais fria que a porta de madeira?

Resposta: A maçaneta é feita de metal, que é bom condutor térmico. Nesse caso, nos pontos de contato da nossa mão com a maçaneta, há uma rápida transferência de calor do nosso corpo para o metal, e daí para outros pontos da peça metálica.

Para saber mais sobre o assunto, leia:

9 MÁXIMO, Antônio; ALVARENGA, Beatriz. *Física* – volume único. 2. ed. São Paulo: Scipione, 2007. p. 249.

Assim, não haverá aumento de temperatura da maçaneta naqueles pontos, e ela nos parecerá fria. A madeira, sendo má condutora de calor, ao receber energia térmica do nosso corpo através do contato com nossa mão, não transfere essa energia rapidamente para outros pontos. Haverá, então, aquecimento da madeira nos pontos de contato com nossa mão, e ela nos parecerá mais quente que o metal.[10]

11- Por que, quando estamos conversando no telefone sem fio, começamos a ouvir a conversa de outras pessoas?

Resposta: O telefone sem fio pode ser considerado um misto de telefone e rádio. Ele é composto de duas bases, uma fixa – conectada à rede telefônica convencional – e uma móvel – dotada de antenas que propiciam a comunicação por meio de ondas de rádio. Assim, o aparelho pode captar mensagens enviadas de um lugar para outro, por intermédio de ondas eletromagnéticas, como acontece com um rádio comum. As bases fixa e móvel devem operar na mesma frequência.

Para saber mais sobre o assunto, leia:

[10] MÁXIMO, Antônio; ALVARENGA, Beatriz. *Curso de Física*. 6. ed. São Paulo: Scipione, 2005. v. 2, p. 73.

Mas nem sempre isso é conveniente, uma vez que outro telefone sem fio, operando na mesma frequência, pode causar interferência, fazendo com que percebamos a conversa de outras pessoas. Os aparelhos mais sofisticados têm um seletor de canais que faz uma varredura nas diversas faixas de frequências disponíveis para a transmissão e verifica qual está livre. Isso permite que vários telefones sem fio operem numa mesma área sem que um aparelho interfira no outro.[11]

12- Por que podemos nos "refrescar" abanando com um leque?

Resposta: Embora o leque esteja jogando contra nosso rosto moléculas de ar com grande energia cinética, sentimos uma diminuição de temperatura. Isso acontece porque nossa pele é úmida, mas o suor que transpiramos vai sendo constantemente evaporado. Se isso não acontecer, gotas de suor vão se formar, o que ocorre quando o ar em torno da pele fica saturado de umidade. O leque, renovando continuamente esse ar, e afastando aquela porção já saturada de umidade, possibilitará a evaporação continuada do suor. O calor necessário para que essa transformação de estado ocorra é fornecido pelo nosso organismo, através de nossa pele, refrescando-nos.[12]

(Compare esta pergunta com o cap. II-11)

Para saber mais sobre o assunto, leia:

[11] OREAR, Jay. *Fundamentos da Física*. Rio de Janeiro: LTC, 1982. v. 2, p. 316.

[12] MÁXIMO, Antônio; ALVARENGA, Beatriz. *Física* – volume único. 2. ed. São Paulo: Scipione, 2007. p. 305.

TABELA 1

Gastos envolvidos em um banho

ITEM	DESCRIÇÃO	PREÇO (R$)
Água	vazão de 10ℓ/min preço R$5,00 por 1000ℓ	0,50
Energia elétrica	5,0 kW x 0,1h x 0,61R$/kWh preço 0,61R$/kWh	0,30
Sabonete	preço R$0,60 dura 30 banhos	0,02
Xampu	preço R$10,00 (vidro de 500mℓ) dura 100 banhos	0,10
Chuveiro	dura 5 anos, família de 5 pessoas (10^4 banhos) preço R$100,00	0,01
Banheiro	pode durar 50 anos (10^5 banhos) 3m², preço R$1.000,00 o m² de construção	0,03
	TOTAL	**R$0,96**

13- Quanto custa um banho de chuveiro?

Resposta: A Tab.1 mostra os gastos envolvidos em um banho de 10 minutos num chuveiro elétrico de 5.000W (preços Cemig/Copasa/Mercado Mineiro/BH/2010):

14- Quando temos um aparelho de rádio ligado e ligamos outro aparelho elétrico, por exemplo, uma lâmpada, ouvimos um ligeiro ruído pelo rádio. Por que isso acontece?

Resposta: Isso acontece porque, quando ligamos um aparelho elétrico, há uma redistribuição de cargas no circuito elétrico, o que implica a aceleração dessas. Ora, a aceleração de cargas provoca a emissão de radiação eletromagnética. Um rádio é um captador de radiação eletromagnética, e, como ele trabalha com uma larga faixa de frequências, algumas vezes consegue captar a radiação emitida pelo circuito em questão, transformando-a em barulho (ruído).[13]

15- Como podemos aquecer a água em uma residência sem usar eletricidade?

Resposta: Podemos fazê-lo com um fogão a lenha, utilizando o fenômeno da convecção. Uma caixa d'água é colocada acima do fogão. A água mais fria, vinda da caixa d'água, circula através de uma serpentina colocada no interior do fogão. Recebendo calor, a água aquecida torna-se menos densa e volta à caixa, subindo pelo outro ramo da canalização.[14]

(Compare esta pergunta com o cap. II-3, o cap. II-17 e o cap. II-20)

16- Uma pessoa colocou um pedaço de naftalina dentro de um guarda-roupa e verificou, depois de certo tempo, que a naftalina tinha desaparecido. O que aconteceu?

Resposta: A naftalina passou do estado sólido para o de vapor, sem passar pelo estado líquido, isto é, ocorreu a sublimação da naftalina. São poucas as substâncias que sublimam à pressão atmosfé-

---

Para saber mais sobre o assunto, leia:

[13] MÁXIMO, Antônio; ALVARENGA, Beatriz. *Física* – volume único. 2. ed. São Paulo: Scipione, 2007. p. 516.

[14] MÁXIMO, Antônio; ALVARENGA, Beatriz. *Curso de Física*. 6. ed. São Paulo: Scipione, 2005. v. 2, p. 74.

rica, como, por exemplo, a naftalina e o iodo.[15]

17- No nosso dia a dia, executamos tarefas sem pensar por que o fazemos da forma tradicional. Uma dessas tarefas é a de abrir uma porta. Qual seria a razão de a maçaneta localizar-se sempre na posição mais afastada da dobradiça?

Resposta: A razão é simples. Essa posição é escolhida porque é nessas condições que conseguiremos abrir a porta fazendo a menor força. A equação T = F x *d* nos dá o torque T, fornecido pela força F, atuando a uma distância *d* do eixo de rotação em torno do qual se deseja girar um objeto. Então, para obtermos certo torque (necessário, no caso, para abrir a porta), quanto maior for *d*, menor será a força F. Evidentemente, com a maçaneta no lugar costumeiro, teremos o maior valor possível para *d* e, portanto, a força que faremos será a menor possível.[16]

(Compare esta pergunta com o cap. IV-15)

18- Por que quando levantamos rapidamente um saco de supermercado cheio, ele arrebenta?

Resposta: Para levantarmos o

[15] MÁXIMO, Antônio; ALVARENGA, Beatriz. *Curso de Física*. 6. ed. São Paulo: Scipione, 2005. v. 2, p. 138.

Para saber mais sobre o assunto, leia:

[16] MÁXIMO, Antônio; ALVARENGA, Beatriz. *Física* – volume único. 2. ed. São Paulo: Scipione, 2007. p. 227.

saco, é preciso fazer sobre ele uma força superior ao seu peso total. Vamos supor que o saco suporte um peso total P quando está suspenso por suas alças (em equilíbrio). Para elevá-lo até certa altura, é preciso puxá-lo com uma força F superior a P, porque só assim ele subirá sob a ação da força resultante F – P, para cima, que lhe confere uma aceleração a = (F – P) / m. Levantando rapidamente o saco, exercemos sobre ele uma grande aceleração, ou seja, a força F exercida é muito maior que a força P (limite de resistência das alças). Levantando o saco lentamente, a força adicional que fazemos é pequena e o esforço sobre as alças será praticamente o mesmo de quando ele está em equilíbrio.[17]

19- É vantagem ter-se a rede elétrica de uma cidade com 220V em lugar de 127V?

Resposta: Sim, é mais vantajoso (mais econômico) usarmos em nossas casas correntes com voltagem de 220V do que com 127V. As companhias de energia elétrica nos cobram pela energia que consumimos. Essa energia é dada pela expressão E=V.i.t, em que *V.i* é a potência necessária para dado aparelho funcionar e *t* é o tempo que ele fica ligado. É fácil ver, então, que em um aparelho que consome dada potência P = V.i, se usarmos aproximadamente o dobro da voltagem (220V no lugar de 127V), a corrente necessária

---

Para saber mais sobre o assunto, leia:

[17] MÁXIMO, Antônio; ALVARENGA, Beatriz. *Física* – volume único. 2. ed. São Paulo: Scipione, 2007. p. 91.

para o seu funcionamento será praticamente a metade, embora a potência seja a mesma nos dois casos. Mas as perdas de energia que ocorrem em qualquer aparelho ou nos fios de ligação são medidas por $\Delta E=Ri^2t$ (efeito Joule: efeito de aquecimento em virtude da resistência R). Então, para um mesmo valor de *R* e *t*, quando *i* diminui, essa perda também será reduzida. Além disso, sendo menor a corrente, podemos utilizar condutores de menor seção reta (dentro de certos limites, para evitar o aquecimento excessivo do condutor), o que implicará ainda economia de material usado na confecção dos condutores.[18]

Para saber mais sobre o assunto, leia:

[18] MÁXIMO, Antônio; ALVARENGA, Beatriz. *Física* – volume único. 2. ed. São Paulo: Scipione, 2007. p. 368.

Capítulo II

Na cozinha

1- Por que os alimentos a fritar devem estar secos?

Resposta: Seria uma perda de calor inútil se o óleo tivesse que primeiro evaporar a água da superfície da peça a fritar antes de efetuar a fritura propriamente dita. Em segundo lugar, evitamos a projeção de partículas de gordura comumente observadas quando os alimentos a fritar não estão secos. Isso ocorre porque, se uma gota de água que está sobre o alimento entra em contato com o óleo, numa temperatura bem superior à de sua vaporização (100 graus Celsius), ela se transforma rapidamente em vapor e, ao se dilatar violentamente, projeta o óleo circundante.[1]

2- Geralmente as chaleiras possuem o bico mais baixo do que sua tampa. Por quê?

Resposta: Vamos imaginar o que ocorreria ao inclinarmos a chaleira para servir o chá nas seguintes situações:

➔ "O bico mais alto que a tampa" ➔o líquido sairia primeiro pela tampa e dificilmente pelo bico;

Para saber mais sobre o assunto, leia:

[1] MÁXIMO, Antônio; ALVARENGA, Beatriz. *Física* – volume único. 2. ed. São Paulo: Scipione, 2007. p. 300.

quando ele começasse a sair pelo bico, a chaleira já estaria quase vazia.

- "O bico na mesma altura que a tampa"→ a água sairia nos dois lugares ao mesmo tempo, dificultando o uso da chaleira, já que a maior parte do líquido entornaria pela tampa.
- "O bico mais baixo que a tampa"→ a água sairia primeiro pelo bico, embora não fosse possível encher completamente a chaleira. Com uma pequena inclinação desta, o líquido escoaria normalmente pelo bico.

Isso acontece porque o líquido, ao ser colocado na chaleira, atinge sempre o mesmo nível dentro dessa e no bico (vasos comunicantes). Assim sendo, sairá pelo lugar que estiver em nível mais baixo.[2]

3- Por que o congelador fica sempre na parte de cima das geladeiras? Os manuais das geladeiras recomendam não forrar nem abarrotar de produtos as grades da geladeira. Qual a razão disso?

Resposta: O objetivo da geladeira é manter todo o seu volume interno numa temperatura abaixo da ambiente. Com o congelador na parte de cima, as camadas de ar dessa região resfriam-se, tornam-se mais densas e dirigem-se para a parte

---

Para saber mais sobre o assunto, leia:

[2] MÁXIMO, Antônio; ALVARENGA, Beatriz. *Física* – volume único. 2. ed. São Paulo: Scipione, 2007. p. 165.

inferior da geladeira, enquanto as camadas de ar da parte de baixo se deslocam para cima. Essa circulação de ar (chamada de convecção) faz com que a temperatura seja, aproximadamente, a mesma em toda a geladeira. Com o congelador na parte de baixo, não haveria correntes de convecção e as camadas de ar superiores se resfriariam apenas por condução. Como o ar é mau condutor de calor, esse processo seria muito demorado. Quando forramos ou abarrotamos as grades da geladeira, impedimos a circulação de ar (as correntes de convecção) e, portanto, impedimos também o bom funcionamento do aparelho.[3]

(Compare esta pergunta com o cap. I-15, o cap. II-17 e o cap. II-20)

4- Por que, para abrirmos algumas embalagens como copo de requeijão, devemos primeiramente retirar o lacre plástico que fica na tampa?

Resposta: Algumas pessoas devem se lembrar da difícil tarefa que era abrir um pote de requeijão no passado (tínhamos que usar uma faca, e com ela ir perfurando a beirada da tampa). No entanto, hoje em dia, basta retirarmos um pequeno lacre de plástico e pronto, toda a tampa se solta. Ao fechar o pote de requeijão, ainda nas fábricas, é rarefeito o ar na parte superior do pote. Como a pressão atmosférica no exterior do pote é maior que no seu interior, a tampa fica bem presa e

---

Para saber mais sobre o assunto, leia:

[3] MÁXIMO, Antônio; ALVARENGA, Beatriz. *Curso de Física*. 6. ed. São Paulo: Scipione, 2005. v. 2, p. 74.

é por isso que normalmente há dificuldade em abri-la. Ao retirarmos o lacre de plástico, estamos permitindo que o ar externo entre no pote, através de um pequeno furo existente sob o lacre. Assim, igualamos a pressão interna à externa e a tampa se abre facilmente, já que não é necessário fazer força para vencer a pressão externa.[4]

5- Por que os cabos de panelas são de madeira ou de plástico?

Resposta: Quando colocamos uma panela no fogo, a parte que está diretamente em contato com a chama se aquece rapidamente; o resto da panela também se aquece através da condução. Mas o cabo da panela, geralmente feito de madeira ou de plástico, esquenta bem mais lentamente que o restante porque esses tipos de material são piores condutores térmicos que os metais.[5]

6- Por que os líquidos borbulham ao ferver?

Resposta: Quando aquecemos um líquido em um recipiente, a camada de líquido mais próxima do fundo se aquece mais rapidamente, transformando-se em vapor, que forma pequenas bolhas no interior do líquido. O vapor forma-se geralmente ao redor de partículas de impureza ou de imperfeições na parede do recipiente, onde a troca de calor é maior. As pequenas bolhas formadas, ao encontrar outras, juntam-se a elas, dando

---

Para saber mais sobre o assunto, leia:

[4] MÁXIMO, Antônio; ALVARENGA, Beatriz. *Física* – volume único. 2. ed. São Paulo: Scipione, 2007. p. 155.

[5] GONÇALVES FILHO, A.; TOSCANO, C. *Física e realidade*. São Paulo: Scipione, 1997. v. 2, p. 31.

origem a bolhas maiores e, sendo menos densas do que a água, deslocam-se para a superfície, escapando de maneira tumultuada. Em outras palavras, o líquido borbulha e diz-se que ele está fervendo.[6]

7- De manhã você está atrasado e tem de correr para pegar o ônibus e ir para o colégio. Sobre a mesa, junto ao pão e à manteiga, você tem café que acabou de ser coado, e, portanto, está muito quente, e o leite que acaba de sair da geladeira. Para poder sair mais depressa você:

- ➔ mistura um pouco de leite frio ao café e espera cinco minutos para que fique no ponto; OU
- ➔ espera cinco minutos para que o café esfrie e só então mistura o leite frio?

Resposta: O abaixamento de temperatura que ocorre no resfriamento de um líquido é proporcional à diferença de temperatura entre o corpo que vai ser esfriado e o meio ambiente. (Essa é a lei de resfriamento estabelecida por Newton.) Se começarmos misturando o leite ao café, a diferença entre a temperatura deste e a do meio ambiente diminui, e assim ele demorará mais a se resfriar. Se você deixar o café quente exposto à temperatura ambiente, ele vai se esfriar mais depressa. Ao juntar-lhe o leite frio após 5 minutos, sua temperatura ainda se tornará mais baixa. Portanto, é preferível esperar, antes de misturar o leite frio.[7]

Para saber mais sobre o assunto, leia:

[6] MÁXIMO, Antônio; ALVARENGA, Beatriz. *Física* – volume único. 2. ed. São Paulo: Scipione, 2007. p. 300.

[7] HALLIDAY, D.; RESNICK, R.; MERRIL, J. *Fundamentos de Física*. 3. ed. Rio de Janeiro: LTC, 1994. v. 2, p. 188.

8- Por que não se devem colocar garrafas tampadas e cheias de líquido (cerveja, refrigerante) no congelador de uma geladeira?

Resposta: Esses líquidos são compostos na sua maior parte por água. A água tem um comportamento que é inverso ao da maioria dos materiais, uma vez que seu volume aumenta ao se solidificar. O vasilhame, ao contrário, contrai-se quando sua temperatura diminui. Com isso, temos um aumento de pressão sobre as paredes da garrafa e ela pode se romper.[8]

(Compare esta pergunta com o cap. X-5)

9- Por que quando retiramos uma jarra de vidro com suco, que ficou no refrigerador por algumas horas, ou ao colocar um líquido gelado num copo de vidro, vemos gotas de água se formando na superfície externa da jarra ou copo?

Resposta: A jarra gelada esfria o ar ao redor dela, e um pouco do vapor de água dissolvido no ar se condensa, formando gotas. No copo, as gotículas demorarão certo tempo a aparecer, porque esse inicialmente estava à temperatura ambiente e esfria aos poucos em contato com o líquido gelado. Pela mesma razão, quando a temperatura esfria no exterior de um ambiente fechado por vidraças, o ar interno, geralmente mais quente, resfria-se, e gotas de vapor, sempre presentes no ar, condensam-se, embaçando as vidraças.[9]

(Compare esta pergunta com o cap. II-15)

Para saber mais sobre o assunto, leia:

[8] MÁXIMO, Antônio; ALVARENGA, Beatriz. *Curso de Física*. 6. ed. São Paulo: Scipione, 2005. v. 2, p. 24.

[9] TIPLER, P. A. *Física*. Rio de Janeiro: Guanabara Koogan, 1994. v. 2, p. 203.

10- Por que algumas pessoas aquecem a tampa metálica de um vidro de conservas, quando ela apresenta dificuldades para abrir?

Resposta: Com o aumento da temperatura da tampa, esta se dilatará. Dessa maneira, a abertura será facilitada, já que haverá mais folga entre a tampa e a boca do frasco.[10]

(Compare esta pergunta com o cap. I-1 e o cap. IV-3)

11- Por que a água mantida em recipientes de barro fica fresca?

Resposta: Isso acontece porque as paredes de barro são porosas. Dessa forma, pequenas gotas de água atravessam esses poros, indo até a superfície do recipiente. Quando essas gotas alcançam a superfície externa, elas se evaporam, retirando da própria jarra o calor necessário para a evaporação. Assim, haverá redução na temperatura do recipiente, e, consequentemente, da própria água.[11]

(Compare esta pergunta com o cap. I-12)

12- Por que, quando fazemos apenas um furo na tampa de uma lata de óleo, não conseguimos despejar o líquido nela contido?

Resposta: Porque, com apenas um furo, a pressão atmosférica exer-

---

Para saber mais sobre o assunto, leia:

[10] MÁXIMO, Antônio; ALVARENGA, Beatriz. *Física* – volume único. 2. ed. São Paulo: Scipione, 2007. p. 263.

[11] MÁXIMO, Antônio; ALVARENGA, Beatriz. *Curso de Física*. 6. ed. São Paulo: Scipione, 2005. v. 2, p. 593 ou REVISTA GLOBO CIÊNCIA, n. 63, p. 17.

cida sobre a tampa impede a saída do líquido, visto que a saída de óleo abaixaria a pressão interior e forçaria a volta desse óleo para dentro da lata. Já com dois furos, à medida que um pouco de óleo sai por um deles, entra ar pelo outro. A pressão sobre o óleo e a dele próprio ficam maiores que a externa, forçando-o a escapar.[12]

13- Por que conseguimos tomar refrigerante com canudinho?

Resposta: Quando aspiramos o refrigerante através do canudinho, retiramos parte do ar de dentro desse canudinho, diminuindo a pressão interna. Assim, a pressão do líquido na ponta inferior do canudinho fica maior (pressão do ar externo mais a do líquido) e faz com que o refrigerante suba até nossa boca.[13]

14- Por que o pão fica duro, de um dia para o outro, se não for guardado dentro de um saco plástico?

Resposta: O pão é macio ou duro de acordo com a quantidade de água que ele contém (assim como a argila: enquanto úmida pode ser moldada, depois de seca se torna rígida). Ao ser guardado fora de um saco plástico, as moléculas de água

---

Para saber mais sobre o assunto, leia:

[12] MÁXIMO, Antônio; ALVARENGA, Beatriz. *Física* – volume único. 2. ed. São Paulo: Scipione, 2007. p. 157.

[13] MÁXIMO, Antônio; ALVARENGA, Beatriz. *Física* – volume único. 2. ed. São Paulo: Scipione, 2007. p. 156.

que escapam do pão se perdem pela atmosfera. No entanto, se o pão estiver acondicionado dentro de um plástico, ou no interior de um pequeno recipiente, a água vai "escapar" do pão somente até saturar a atmosfera dentro do plástico. Ou seja, uma quantidade muito menor de água vai escapar do pão do que se ele tivesse sido deixado fora do plástico. E por que o pão fica murcho? Porque a água sai da molécula onde estava ligada e fica solta entre as moléculas do pão, mudando a consistência da massa.[14]

15- É verdade que, se a porta do congelador for aberta várias vezes, a produção de gelo, nas paredes do congelador, aumenta? E por que isso acontece?

Resposta: Sim, esse fato é verdadeiro. Lembro de ouvir minha mãe dizer várias vezes: "não fique abrindo a porta do congelador ou terei que descongelar a geladeira logo, logo." Isso acontece porque, ao abrirmos a porta do congelador, estamos permitindo que entre um "novo" ar na geladeira. Esse ar "novo" contém uma grande quantidade de vapor de água, que, com o abaixamento da temperatura no congelador, se transforma em cristais de gelo muito pequenos, semelhantes à neve. Essa neve se deposita sobre a parede do congelador e adere fortemente a ela, provocando o "trabalho a mais" de que minha mãe reclama! O grande problema dessa neve é que ela é um bom isolante térmico e

---

Para saber mais sobre o assunto, leia:

[14] BOBBIO, P. A.; BOBBIO, F. O. *Química do processamento de alimentos.* 2. ed. São Paulo: Livraria Varela, 1992. p. 101.

não conduz o calor liberado pelos alimentos, dificultando seu resfriamento e aumentando assim o trabalho do motor.[15]

(Compare esta pergunta com o cap. II-9)

16- Por que é mais conveniente usarmos gelo a 0°C do que água a 0°C para resfriarmos uma bebida?

Resposta: Se colocarmos na bebida a mesma quantidade de água ou gelo a 0°C, a água irá retirar calor da bebida até atingir o equilíbrio térmico, e o gelo precisa retirar calor da bebida para mudar de fase (período em que a temperatura fica constante) e depois, quando já tiver se transformado em líquido, retirar mais calor até entrar em equilíbrio. Então, ao atingir o equilíbrio térmico, o gelo terá tirado mais calor da bebida que a água e, portanto, o conjunto gelo/bebida estará mais frio que o conjunto água/bebida. Então, para obter a mesma temperatura, poderemos colocar menos gelo que água, e o sabor da bebida sofrerá menos alterações.[16]

17- Por que, ao resfriar um barril de chope, o gelo é colocado sobre o barril?

Resposta: Quando um ambiente é resfriado, esse resfriamento é feito pela parte superior, porque o fluido frio tende a descer. Essa é uma consequência da convecção térmica, que consiste no transporte de energia térmica de uma região para outra,

---

Para saber mais sobre o assunto, leia:

[15] MÁXIMO, Antônio; ALVARENGA, Beatriz. *Física* – volume único. 2. ed. São Paulo: Scipione, 2007. p. 300.

[16] MÁXIMO, Antônio; ALVARENGA, Beatriz. *Curso de Física*. 6. ed. São Paulo: Scipione, 2005. v. 2, p. 129.

por meio do transporte de matéria. No barril de chope, a porção superior do líquido resfriado pelo gelo ficará mais densa do que a porção inferior, que está mais quente. Essa diferença de densidade provocará a movimentação das diferentes partes do líquido, resfriando-o por inteiro, uma vez que a porção mais quente ficará sempre no alto, mais próxima do gelo.[17]

(Compare esta pergunta com o cap. I-15, o cap. II-3 e o cap. II-20)

18- O bebê está chorando e o leite fervido ainda está quente. O que esfriará o leite mais depressa: colocar a mamadeira na geladeira ou colocá-la numa panela com água da torneira?

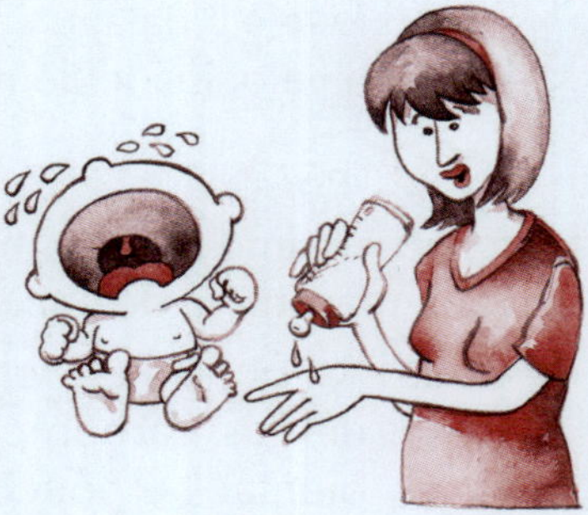

Resposta: A água tem condutividade térmica maior que o ar, o que quer dizer que a transferência de calor da mamadeira para o ambiente é muito mais rápida quando ela está rodeada de água. Assim, se a mamadeira estiver rodeada de água, haverá uma rápida transferência de calor do leite quente para a água, até que o conjunto alcance a mesma temperatura (equilíbrio térmico). Se a mamadeira estiver rodeada de ar, como será o caso dentro da geladeira, a transferência de calor será mais lenta. Nesse caso, a diferença de

---

Para saber mais sobre o assunto, leia:

[17] MÁXIMO, Antônio; ALVARENGA, Beatriz. *Física* – volume único. 2. ed. São Paulo: Scipione, 2007. p. 295.

temperatura entre o leite e o ambiente é maior, o que aumenta a taxa de transferência de calor. No entanto, esse fator é bem menos importante que a condutividade térmica. Então, o melhor é colocar a mamadeira na panela com água, e, se o bebê estiver chorando muito, colocar umas pedrinhas de gelo na água da panela. Assim, além da transferência rápida de calor em virtude do grande calor específico da água, teremos uma diferença maior entre a temperatura do leite e a da água, o que, como vimos, aumenta a velocidade do resfriamento.[18]

19- Por que, ao abrirmos uma garrafa de refrigerante, observamos o movimento de bolhinhas na direção vertical, no sentido de baixo para cima?

Resposta: As bolhinhas observadas são constituídas de gás carbônico, que, nas condições ambientais, é pouco solúvel em água (principal constituinte do refrigerante). A solubilidade do gás varia com a pressão: quanto maior for a pressão, maior o volume de gás que pode ser dissolvido em certa quantidade de água. Quando o refrigerante é engarrafado, o gás é dissolvido no líquido a uma pressão maior que a da atmosfera. Quando abrimos a garrafa, a pressão sobre o líquido diminui subitamente e a quantidade de gás nele dissolvido passa a ser maior que o limite de solubilidade naquela pressão. Esse gás em excesso se separa do líquido, formando bolhas.[19]

Para saber mais sobre o assunto, leia:

[18] HALLIDAY, D.; RESNICK, R.; MERRIL, J. *Fundamentos de Física*. 3. ed. Rio de Janeiro: LTC, 1994. v. 2, p. 189.

[19] SLABAUGH, W.; PARSONS, T. *Química geral*. Rio de Janeiro: LTC, 1976. p. 166.

20- Por que a garrafa térmica conserva por longo tempo a temperatura de líquidos frios ou quentes?

Resposta: A propagação do calor se efetua por três modos diferentes: condução, convecção e radiação. Para impedir a condução e a convecção, a ampola interna da garrafa é feita de vidro (mau condutor) com paredes duplas, entre as quais se faz vácuo, que quase não conduz o calor, já que há poucas moléculas para realizar essa tarefa. A radiação é evitada, espelhando as faces da ampola de vidro que, assim, refletem a radiação térmica que nela incide. Finalmente, uma tampa bem ajustada isola a garrafa das possíveis correntes de convecção. Dessa forma, a temperatura dos líquidos é mantida praticamente invariável por um longo tempo.[20]

(Compare esta pergunta com o cap. I-15, o cap. II-3 e o cap. II-17)

21- O que rende mais para fazer um purê de batatas: 1kg de batatas pequenas ou 1kg de batatas grandes?

Resposta: Embora nos dois casos tenhamos o mesmo peso em batatas, as batatas pequenas têm mais casca que as grandes, para um mesmo peso, e rendem menos. Sendo R a dimensão da batata, seu peso varia com o volume e, portanto, cresce com R^3, enquanto a casca varia com a superfície e

---

Para saber mais sobre o assúnto, leia:

20 MÁXIMO, Antônio; ALVARENGA, Beatriz. *Física* – volume único. 2. ed. São Paulo: Scipione, 2007. p. 298.

cresce com R^2. Assim, se uma batata é 2 vezes maior que outra, terá 4 vezes mais casca, mas 8 vezes mais peso.[21]

(Compare esta pergunta com o cap. VIII-9)

22- Por que usamos panela de pressão para o cozimento de alguns alimentos?

Resposta: Ao cozinharmos alimentos em uma panela aberta a uma pressão atmosférica próxima de 1atm, a água entra em ebulição a uma temperatura perto de 100°C. Ao utilizarmos a panela de pressão, os vapores formados e impedidos de escapar ajudam a pressionar a superfície da água, podendo a pressão total atingir cerca de 2atm, e assim a água entra em ebulição a uma temperatura próxima de 120°C. Com o aumento da temperatura de ebulição da água, os alimentos em uma panela de pressão são cozidos mais rapidamente. Tal aumento da temperatura de ebulição com a pressão ocorre porque o aumento da pressão sobre o líquido tende a dificultar sua vaporização. Como se sabe, um líquido só entra em ebulição quando sua pressão de vapor saturado atinge a pressão exercida sobre ele.[22]

Para saber mais sobre o assunto, leia:

[21] HEWITT, Paul G. *Física conceitual*. 11. ed. Porto Alegre: Bookman, 2011. p. 223.

[22] MÁXIMO, Antônio; ALVARENGA, Beatriz. *Física* – volume único. 2. ed. São Paulo: Scipione, 2007. p. 308.

CAPÍTULO III

Gentes e bichos

1- Por que o gargarejo com água morna e sal alivia a dor de garganta?

Resposta: O calor da água dilata os vasos e facilita a circulação do sangue na região, contribuindo, assim, para uma diminuição da inflamação. A água pura, desde que morna, já aliviaria a inflamação. A mistura com sal tem maior concentração que o líquido contido na região inflamada. Há portanto transferência da água do tecido para o exterior, para que as concentrações se igualem, o que diminui a inflamação local. O sal também ajuda na higiene bucal e na da garganta. A água fria, por não estar em equilíbrio com o organismo, teria mais dificuldade para dissolver o muco que se forma na garganta, em virtude da inflamação, e não conseguiria removê-lo.[1]

2- Por que alguns crustáceos se apresentam sem coloração quando estão em certa profundidade abaixo d'água, adquirindo uma tonalidade avermelhada quando levados para a superfície?

Resposta: Na superfície, vemos o crustáceo vermelho porque a luz do Sol que incide sobre ele contém

---

Para saber mais sobre o assunto, leia:

1 MÁXIMO, Antônio; ALVARENGA, Beatriz. *Física* – volume único. 2. ed. São Paulo: Scipione, 2007. p. 260.

todas as cores, sendo que a pele do crustáceo absorve todas as outras cores e só reflete o vermelho. No entanto, à medida que nos aprofundamos na água, a luz do Sol é parcialmente absorvida pela água, sendo a cor vermelha a mais absorvida. A partir de certa profundidade, não existe mais a cor vermelha na luz e nossa percepção do crustáceo fica alterada. Ele não recebe mais a radiação vermelha e não poderá refleti-la.[2]

3- É verdade que, num dia de sol, uma pessoa com roupa escura sentirá mais calor do que uma pessoa com roupa clara?

Resposta: Sim. As cores que vemos são as cores refletidas pelos objetos quando iluminados. Quando vemos em um objeto a cor amarela, por exemplo, o material de que ele é feito reflete essa cor e absorve as demais. Quando vemos um objeto branco, ele está refletindo todas as cores, e, quando vemos um objeto preto, ele está absorvendo todas as cores. Assim como a luz, o calor é constituído de radiação eletromagnética, com uma diferença:

Para saber mais sobre o assunto, leia:

[2] MÁXIMO, Antônio; ALVARENGA, Beatriz. *Física* – volume único. 2. ed. São Paulo: Scipione, 2007. p. 499.

enquanto a luz é uma radiação localizada na região visível do espectro, o calor é uma radiação infravermelha que é invisível para nós. Os corpos escuros absorvem a maior parte dessas radiações e é por isso que um objeto escuro (a roupa escura, o fuscão preto estacionado ao sol) tem a sua temperatura sensivelmente elevada.[3]

(Compare esta pergunta com o cap. IV-2)

4- Por que em um dia frio os pássaros arrepiam suas penas?

Resposta: Porque assim formam bolsas de ar entre as penas. Isso reduz a transferência de calor do seu corpo para o ambiente, já que o ar é um ótimo isolante térmico. Dessa maneira, eles perdem menos calor para o ambiente e sentem menos frio.[4]

(Compare esta pergunta com o cap. III-9, o cap. IV-5, o cap. VI-3 e o cap. VIII-8)

5- O gordo e o magro foram à praia. Qual deles conseguiu boiar no mar com facilidade, e qual deles afundou?

Resposta: O gordo tem em seu corpo uma grande proporção de gordura, cuja densidade é menor que a da água. Enquanto isso, o magro possui apenas pele e ossos, sendo que os ossos são

---

Para saber mais sobre o assunto, leia:

[3] MÁXIMO, Antônio; ALVARENGA, Beatriz. *Curso de Física*. 6. ed. São Paulo: Scipione, 2005. v. 2, p. 76.

[4] MÁXIMO, Antônio; ALVARENGA, Beatriz. *Curso de Física*. 6. ed. São Paulo: Scipione, 2005. v. 2, p. 73.

mais densos que a água. Portanto, a densidade média do gordo é menor que a do magro, e ele vai boiar com mais facilidade.[5]

(Compare esta pergunta com o cap. III-9, o cap. IV-5, o cap. VI-3 e o cap. VIII-8)

6- Como é que os urubus conseguem atingir grandes altitudes praticamente sem bater as asas?

Resposta: O malandro do urubu se aproveita das correntes térmicas ascendentes: quando encontra alguma região com correntes ascendentes, fica voando em círculos dentro dela e assim vai ganhando altura. Geralmente sobre cidades, rochedos, terrenos sem vegetação, teremos correntes ascendentes, ao passo que, sobre lagos e florestas, as correntes são descendentes. Mas essas o urubu não usa, porque já conhece a lei da gravidade. Pilotos de planadores e asa-delta procuram correntes ascendentes, observando o movimento dos urubus.[6]

(Compare esta pergunta com o cap. VI-8)

7- Por que os agasalhos atenuam a sensação de frio?

Resposta: A temperatura de nosso corpo é normalmente mantida em torno de 36°C, enquanto a do ambiente, em geral, é inferior a esse valor. Por esse motivo, há uma contínua transferência de calor de nosso corpo para o meio ambiente.

Para saber mais sobre o assunto, leia:

[5] MÁXIMO, Antônio; ALVARENGA, Beatriz. *Física* – volume único. 2. ed. São Paulo: Scipione, 2007. p. 171.

[6] MÁXIMO, Antônio; ALVARENGA, Beatriz. *Curso de Física*. 6. ed. São Paulo: Scipione, 2005. v. 2, p. 74.

Se a temperatura do ambiente for muito baixa, a transferência se faz com maior rapidez, sendo isso o que ocasiona em nós a sensação de frio. Os agasalhos atenuam tal sensação porque são feitos de material isolante térmico (por exemplo, lã), reduzindo, assim, a quantidade de calor transferida de nosso corpo para o exterior.[7]

(Compare esta pergunta com o cap. III-4)

8- Por que temos dificuldade em respirar quando a umidade do ar está baixa?

Resposta: Absorvemos oxigênio através de uma mucosa que cobre os alvéolos pulmonares. Quando a tensão superficial dessa mucosa é alta, os alvéolos não conseguem se "abrir" para absorver o oxigênio que está nos pulmões. Isso acontece porque, quanto maior é a tensão superficial de um fluido, maior é a atração entre moléculas desse fluido, minimizando a área; portanto, quanto maior a tensão superficial da mucosa, menos os alvéolos conseguem se "abrir" e absorver o oxigênio. Os responsáveis pela diminuição da tensão superficial da mucosa são as moléculas d'água existentes no ar, por isso, quando a umidade do ar é baixa, temos dificuldade em respirar. É também por esse motivo que não conseguimos respirar oxigênio puro.[8]

Para saber mais sobre o assunto, leia:

[7] MÁXIMO, Antônio; ALVARENGA, Beatriz. *Física* – volume único. 2. ed. São Paulo: Scipione, 2007. p. 294.

[8] OKUNO, E.; CALDAS, I. L.; CHOW, I. *Física para Ciências Biológicas*. São Paulo: Harbra, 1982. p. 343.

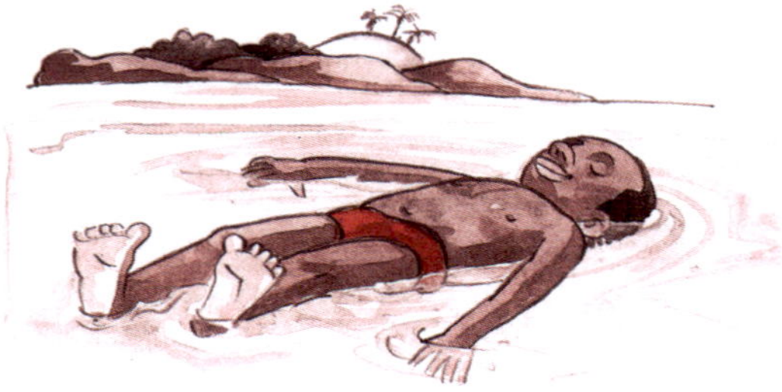

9- Por que quando se nada na água do mar boia-se mais facilmente do que em água doce?

Resposta: Quando um corpo está imerso num fluido, recebe deste uma força para cima igual ao peso do fluido que o corpo desloca (empuxo). Essa é uma afirmação do princípio de Arquimedes. Então, como um mesmo corpo desloca o mesmo volume de água, seja no mar, seja na água doce, e como a água do mar possui maior densidade, o empuxo será maior no mar. Sendo o empuxo sobre uma pessoa maior na água do mar, ela boia mais facilmente aí do que na água doce.[9]

(Compare esta pergunta com o cap. III-5, o cap. IV-5, o cap. VI-3 e o cap. VIII-8)

Para saber mais sobre o assunto, leia:

[9] SEARS, F. W. *Física*. 2. ed. Rio de Janeiro: LTC, 1984. v. 2, p. 297.

Capítulo IV

Transportes

1- Por que nos carros de socorro o nome é escrito ao contrário?

Resposta: Para que, refletido pelos espelhos dos retrovisores dos carros à frente, o nome possa ser lido facilmente e os carros deem passagem. Ao refletir os raios de luz provenientes do carro de socorro, os espelhos do carro da frente invertem lateralmente as letras, possibilitando sua leitura. Se elas estivessem escritas normalmente, sua imagem seria invertida lateralmente e a leitura seria mais difícil.[1]

2- Em um estacionamento, observamos que alguns carros têm um pedaço de papel laminado estendido por todo o para-brisas. Qual o objetivo de seus proprietários ao fazerem isso?

Resposta: O objetivo dos donos é proteger o interior dos carros contra a exposição excessiva ao sol. Os

Para saber mais sobre o assunto, leia:

[1] MÁXIMO, Antônio; ALVARENGA, Beatriz. *Física* – volume único. 2. ed. São Paulo: Scipione, 2007. p. 484.

estofados, os painéis e o volante dos carros são geralmente escuros e por essa razão absorvem grande parte da radiação solar. Dessa forma, o interior dos carros tem a sua temperatura sensivelmente elevada quando expostos ao sol, causando incômodo a quem entra no carro. O papel laminado no para-brisas funciona como um espelho que reflete a maior parte dessas radiações, não permitindo o aumento de temperatura no interior dos carros. Alguns donos de carros dispensam o papel laminado e utilizam simplesmente um papelão colorido. Tal papelão também protege o interior dos carros, mas absorve parte da radiação solar (reflete a radiação correspondente à cor do papelão e absorve as outras radiações) e, portanto, é menos eficiente que o papel laminado.[2]

(Compare esta pergunta com o cap. III-3)

3- Por que nas oficinas mecânicas é muito comum vermos os mecânicos aquecerem uma porca para retirá-la do parafuso, quando ela está difícil de ser retirada?

Resposta: Porque, ao aquecermos a porca, ela se dilata, aumentando o seu diâmetro interno. Como a quantidade de calor fornecida é pequena, ele não é transferido para o parafuso e este não se dilata. Assim, a folga entre os dois é aumentada, facilitando o deslocamento da porca.[3]

(Compare esta pergunta com o cap. I-1 e o cap. II-10)

Para saber mais sobre o assunto, leia:

[2] MÁXIMO, Antônio; ALVARENGA, Beatriz. *Física* – volume único. 2. ed. São Paulo: Scipione, 2007. p. 294.

[3] MÁXIMO, Antônio; ALVARENGA, Beatriz. *Física* – volume único. 2. ed. São Paulo: Scipione, 2007. p. 263.

4- Por que os carros de transporte de combustível têm uma corrente ligada ao chão?

Resposta: Quando atritados, os objetos costumam perder ou ganhar elétrons e ficam carregados eletricamente. Quando estão em movimento, os carros de combustível, em constante atrito com o ar, tornam-se eletrizados. Seus pneus são maus condutores e propiciam o acúmulo de cargas. Em virtude dessa eletrização, poderiam surgir faíscas elétricas entre o carro e os objetos próximos, inclusive a gasolina. Nesse caso, poderia ocorrer uma grande explosão, de sérias consequências. Para evitar essa catástrofe, costuma-se estender uma corrente metálica ligando o carro e a terra, o que impede o acúmulo das cargas elétricas no carro, uma vez que elas serão neutralizadas assim que começarem a se acumular.[4]

5- Por que, nos postos de combustível, ao lado da bomba de álcool, existe um recipiente de vidro com um pouco de combustível e duas bolinhas, uma verde e uma vermelha, no qual a verde tem de estar boiando, e a vermelha, ao fundo?

Resposta: O recipiente com as bolas verde e vermelha existe para que o próprio cliente fiscalize a densidade do álcool; funciona da seguinte maneira:

- ➔ A bola verde é menos densa que o álcool, por isso ela sempre tem de estar boiando;
- ➔ A bola vermelha é mais densa que o álcool, por isso ela sempre tem de estar no fundo.

Para saber mais sobre o assunto, leia:

4 MÁXIMO, Antônio; ALVARENGA, Beatriz. *Física* – volume único. 2. ed. São Paulo: Scipione, 2007. p. 335.

Portanto, se você for abastecer seu carro e as duas bolas estiverem boiando ou no fundo, o álcool estará com densidade fora dos limites permitidos pelo Inmetro (provavelmente a quantidade de outras substâncias é maior que a permitida).[5]

(Compare esta pergunta com o cap. III-5, o cap. III-9, o cap. VI-3 e o cap. VIII-8)

6- Por que os carros de corrida usam pneus "carecas" (*slick*), enquanto os de rua são proibidos de rodar assim?

Resposta: Os pneus lisos têm maior aderência em virtude da maior área de contato com o solo. Mas só podem ser usados em pisos secos, por causa do fenômeno de *aquaplanagem*, que é a formação de uma camada de água entre o pneu e a pista. Essa camada de água diminui o atrito e deixa o veículo desgovernado. Nos pneus comuns, tal camada é cortada pelos sulcos, por onde a água escorre. Caso a corrida aconteça com chuva, os carros de corrida também usarão pneus com sulcos.[6]

Para saber mais sobre o assunto, leia:

[5] MÁXIMO, Antônio; ALVARENGA, Beatriz. *Física* – volume único. 2. ed. São Paulo: Scipione, 2007. p. 171.

[6] MÁXIMO, Antônio; ALVARENGA, Beatriz. *Física* – volume único. 2. ed. São Paulo: Scipione, 2007. p. 84.

7- Por que um carro em alta velocidade (principalmente o "fusca") fica mais leve?

Resposta: Os carros são retos embaixo e curvos em cima. Quando em movimento, o ar que passa por baixo faz um caminho mais curto até o final do veículo do que o ar que vai por cima. Como os fluxos de ar se encontram no final do carro, conclui-se que o de cima foi mais rápido. Por causa disso, verifica-se que a pressão é menor em cima que embaixo. O carro, em virtude da diferença de pressão das camadas de ar na superfície inferior e superior, ganha uma componente de força para cima (temos o mesmo sistema nas asas de aviões). Na verdade, embora se diga, vulgarmente, que o carro fica mais leve, ele não perde peso, apenas ganha sustentação. No "fusca", o efeito é acentuado por causa de sua forma arredondada. Nos carros de corrida, a sustentação é amenizada com o uso de aerofólios, que têm o formato de uma asa invertida. Então, tudo se passa como se o "peso" do carro ficasse maior que o "normal", já que, com o uso desses dispositivos, fica aumentada a aderência ao chão nas curvas, nas freadas e nas acelerações.[7]

8- Um carro pode ser retirado do atoleiro simplesmente murchando um pouco os seus pneus. Por que isso ocorre?

Resposta: Murchando-se um pouco os pneus do carro, fazemos com que a área de contato deles com o solo aumente. Como não há variação do peso

---

Para saber mais sobre o assunto, leia:

7 HALLIDAY, D.; RESNICK, R.; MERRIL, J. *Fundamentos de Física.* 3. ed. Rio de Janeiro: LTC, 1994. v. 2, p. 90.

do veículo, esse aumento de área faz com que a pressão entre os pneus e o chão diminua. O carro, então, afundará menos, podendo ser retirado.[8]

(Compare esta pergunta com o cap. VI-5)

9- Por que o combustível e a água dos carros não congelam em países frios?

Resposta: A gasolina não se congela porque o seu ponto de solidificação é -100°C. A essa temperatura, até a borracha do pneu já teria congelado e quebrado. Contudo, a 0°C, a água vira gelo. Para que isso não aconteça, misturam-se a ela substâncias anticongelantes, como o monopropilenoglicol (no radiador) e o álcool metílico (para lavar os vidros). Essas misturas se mantêm líquidas até cerca de -40°C.[9]

(Compare esta pergunta com o cap. VI-6)

10- Por que você tem de fazer força para se manter em equilíbrio quando um ônibus faz uma curva?

Resposta: Quando você está sentado num ônibus em movimento, você tem a mesma velocidade que o ônibus. Ao fazer uma curva, a direção da velocidade do ônibus é alterada. Pelo princípio de inércia, você tende a manter sua velocidade anterior e também a direção da trajetória na qual você estava se deslocando. Em virtude disso, seu corpo parece ser jogado "para fora da curva".

Para saber mais sobre o assunto, leia:

[8] MÁXIMO, Antônio; ALVARENGA, Beatriz. *Física* – volume único. 2. ed. São Paulo: Scipione, 2007. p. 153.

[9] SLABAUGH, W.; PARSONS, T. *Química geral.* Rio de Janeiro: LTC, 1976. p. 170.

Se você segura o braço do banco, por exemplo, ele exerce sobre você uma força centrípeta que o mantém na trajetória curva descrita pelo ônibus. A força centrípeta exercida pelo braço do banco sobre você é a reação do esforço que você faz ao segurá-lo. Sem ela, a direção da sua velocidade não seria alterada.[10]

(Compare esta pergunta com o cap. IV-11)

11- Como você recomendaria a um amigo o uso do cinto de segurança, baseando-se em uma explicação física?

Resposta: Pela 1ª Lei de Newton, um corpo em movimento num referencial inercial permanece em movimento com velocidade constante, quando não existem forças externas agindo sobre ele. No caso do carro, após um choque, o motorista e/ou o passageiro tendem a continuar com a mesma velocidade do veículo antes da colisão, chocando-se assim contra o seu painel. O cinto exerce uma força que desacelera a pessoa, evitando que, na colisão, ela seja atirada contra o painel.[11]

(Compare esta pergunta com o cap. IV-10)

Para saber mais sobre o assunto, leia:

[10] MÁXIMO, Antônio; ALVARENGA, Beatriz. *Física* – volume único. 2. ed. São Paulo: Scipione, 2007. p. 80 e p. 111.

[11] GONÇALVES FILHO, A.; TOSCANO, C. *Física e realidade.* São Paulo: Scipione, 1997. v. 1, p. 104.

12- Por que nada acontece com as pessoas que estão dentro de um carro se, durante uma tempestade, o veículo for atingido por um raio?

Resposta: Como um carro é uma estrutura metálica, seu interior está isolado de qualquer efeito elétrico externo, já que o campo elétrico no interior de um condutor em equilíbrio eletrostático é sempre nulo. Por isso, quem está dentro do carro fica isolado de influências elétricas externas.[12]

13- Por que alguns ciclistas gostam de andar atrás de grandes veículos, mesmo que haja o risco de um choque entre ambos, caso o veículo maior seja freado?

Resposta: Os ciclistas acham que é mais fácil andar atrás de grandes veículos porque, nessa situação, faz-se um menor esforço ao pedalar. Quando um veículo corre a altas velocidades, ele empurra o ar. O tamanho elevado do veículo impede que esse ar volte a ocupar rapidamente o espaço correspondente à sua traseira. Cria-se, assim, uma região atrás do veículo conhecida como "esteira", caracterizada por ter uma pressão mais baixa que a da região frontal. Entre o caminhão e a bicicleta, cria-se uma espécie de "vácuo", e a pressão que o ar exerce atrás do veículo é maior que a exercida à sua frente. Essa diferença de pressão projeta o ciclista para a frente, facilitando-lhe a corrida, mas também oferecendo-lhe o risco de um choque com a traseira do veículo.[13]

Para saber mais sobre o assunto, leia:

[12] MÁXIMO, Antônio; ALVARENGA, Beatriz. *Física* – volume único. 2. ed. São Paulo: Scipione, 2007. p. 345.

[13] HALLIDAY, D.; RESNICK, R.; MERRIL, J. *Fundamentos de Física*. 3. ed. Rio de Janeiro: LTC, 1994. v. 2, p. 90.

14- Por que podemos andar?

Resposta: É através do atrito que conseguimos nos mover, já que, sem ele, não conseguiríamos nos manter de pé. Pela lei da ação e reação, ao andar, empurramos o chão para trás, e o chão, por sua vez, empurra-nos para a frente.[14]

15- Um motorista percebe que o borracheiro, ao soltar o pneu do seu carro, coloca um pedaço de cano no cabo da chave de roda para desapertar as porcas. Explique a atitude do borracheiro.

Resposta: Ao se colocar um pedaço de cano no cabo da chave de roda, aumenta-se o "braço de alavanca", isto é, a distância *d* do eixo de rotação à força F a ser aplicada. Como o torque é $T = F \times d$, é fácil perceber que, quanto maior for *d*, menor será F, para se obter o torque desejado que fará girar a porca.[15]

(Compare esta pergunta com o cap. I-17)

Para saber mais sobre o assunto, leia:

[14] GONÇALVES FILHO, A.; TOSCANO, C. *Física e realidade.* São Paulo: Scipione, 1997. v. 1, p. 93.

[15] MÁXIMO, Antônio; ALVARENGA, Beatriz. *Física* – volume único. 2. ed. São Paulo: Scipione, 2007. p. 227.

Capítulo V

Brinquedos e quadrinhos

1- Por que quando atiramos uma pedra plana horizontalmente (paralelamente à superfície) em um lago ela dá vários saltos antes de afundar?

Resposta: Como ela foi lançada paralelamente ao lago e pelo fato de a pedra ser plana, a tensão superficial da água serve como uma "parede" elástica que empurra a pedra para fora, ao se deformar com o impacto. É como se a pedra sofresse uma reflexão, ao encontrar uma espécie de membrana elástica que constitui a superfície da água. Se a pedra fosse pontuda e não plana, poderia furar a membrana, ao romper a tensão superficial, e aí afundaria no primeiro impacto.[1]

(Compare esta pergunta com o cap. IX-2)

2- Na tira a seguir, que tipo de lente está falando?

Resposta: A lente na tirinha é uma lente convergente. Quando os raios do Sol, que constituem um

---

Para saber mais sobre o assunto, leia:

[1] MÁXIMO, Antônio; ALVARENGA, Beatriz. *Física* – volume único. 2. ed. São Paulo: Scipione, 2007. p. 252.

feixe de raios paralelos, incidem na lente, os raios *convergem* para um ponto. Para este ponto, convergem também os raios infravermelhos da radiação solar e, por isso, é alcançada uma temperatura bastante elevada. Ou seja, nesse caso a lente é "botafogo".[2]

(Veja também a pergunta do cap. IX-1)

3- Um personagem de desenho animado da TV, conhecido por He Man, diz: "Eu tenho a Força!". Você concorda com essa afirmação?

Resposta: A fala do personagem foi mal traduzida do inglês, onde ele dizia "I have the power!" ("Eu tenho o poder!"). Em termos físicos, os corpos não têm força. Força é o resultado da interação entre os corpos, e só aparece enquanto os corpos estão interagindo. Então, He Man deveria dizer: "Eu sou capaz de aplicar Força de grande intensidade!"[3]

Para saber mais sobre o assunto, leia:

[2] MÁXIMO, Antônio; ALVARENGA, Beatriz. *Curso de Física*. 6. ed. São Paulo: Scipione, 2005. v. 2, p. 211.

[3] MÁXIMO, Antônio; ALVARENGA, Beatriz. *Física* – volume único. 2. ed. São Paulo: Scipione, 2007. p. 72.

4- Como desamassar uma bolinha de pingue--pongue?

Resposta: Primeiro, coloca-se certa quantidade de água para ferver. Depois, coloca-se a bolinha na água, e ela, então, voltará ao normal. A razão é a seguinte: a energia cinética das moléculas do gás contido na bolinha aumenta ao absorver calor da água. Isso faz com que a pressão interna da bolinha aumente, empurrando a parede interna da bolinha de dentro para fora e restaurando o seu formato original.[4]

5- Por que os famosos mergulhos do Tio Patinhas na sua piscina de moedas de ouro seriam impraticáveis?

Resposta: Dificilmente ele teria forças para vencer o empuxo e conseguir mergulhar. Caso conseguisse, ele seria submetido a uma enorme pressão a poucos centímetros de profundidade. A densidade do ouro é igual a 19,3 gramas por centímetro cúbico, uma das maiores entre os elementos, e proporcionaria uma pressão adicional de $10^5 N/m^2$ (aproximadamente 1 atm) sobre o pato, a apenas 50 centímetros de profundidade. Mesmo considerando que existem espaços vazios entre as moedas e que a densidade final é menor que a do ouro, ainda assim se pode prever o desconforto do pato ao mergulhar.[5]

(Veja também a pergunta do cap. X-4)

Para saber mais sobre o assunto, leia:

4 MAXIMO, Antônio; ALVARENGA, Beatriz. *Física* – Volume único. 2. ed. São Paulo: Scipione, 2007, p. 270.

5 HALLIDAY, D.; RESNICK, R.; MERRIL, J. *Fundamentos de Física*. 3. ed. Rio de Janeiro: LTC, 1994. v. 2, p. 79

CAPÍTULO VI

Viagens

1- Por que no deserto, onde faz muito calor, as pessoas usam túnicas longas e geralmente brancas?

Resposta: Como a radiação solar é muito intensa, as pessoas usam roupas claras para refletir maior quantidade dessa radiação, evitando a absorção de calor. Se usassem roupas escuras, absorveriam maior radiação; se usassem peças curtas, sentiriam mais calor também, uma vez que estariam expondo uma área maior de contato com os raios solares. Outra possibilidade é usar túnicas escuras e largas, como as dos beduínos. O tecido escuro absorve calor e aquece o ar no interior da túnica. O ar aquecido, menos denso, tende a subir e sair através do tecido poroso, enquanto o ar externo, mais fresco, entra por baixo da túnica. A circulação de ar por dentro da túnica proporciona uma ventilação que "refresca" o beduíno.[1]

(Compare esta pergunta com o cap. III-3)

Para saber mais sobre o assunto, leia:

[1] HALLIDAY, D.; .RESNICK, R.; MERRIL, J. *Fundamentos de Física*. 3. ed. Rio de Janeiro: LTC, 1994. Cap. 20: Calor e a Primeira Lei da Termodinâmica.

2- É possível viajar de avião no vácuo?

Resposta: O avião se move num sentido, empurrando o ar no sentido oposto com a ajuda das turbinas. O avião, entretanto, não carrega consigo o ar que é empurrado para trás, ele utiliza o ar da atmosfera. O avião também utiliza para sua sustentação o ar que passa por suas asas: o ar passa de forma diferente em cima ou embaixo das asas, o que provoca a sustentação do avião. Então, no vácuo, além de não conseguir se deslocar para frente, o avião não poderia "voar".[2]

3- Por que o petróleo forma uma poça sobre a água quando ocorre um vazamento no mar?

Resposta: Como o petróleo possui uma densidade menor que a da água do mar, ele irá flutuar sobre a água.[3]

(Compare esta pergunta com o cap. III-5, o cap. III-9, o cap. IV-5 e o cap. VIII-8)

4- Por que em climas quentes e secos as pessoas sentem menos desconforto com o calor do que as pessoas que estão em climas em que a umidade do ar é elevada?

Resposta: Quando uma pessoa transpira, seu suor ao evaporar absorve calor de sua pele e ela sente

---

Para saber mais sobre o assunto, leia:

[2] GONÇALVES FILHO, A.; TOSCANO, C. *Física e realidade*. São Paulo: Scipione, 1997. v. 1, p. 69.

[3] MÁXIMO, Antônio; ALVARENGA, Beatriz. *Física* – volume único. 2. ed. São Paulo: Scipione, 2007. p. 171.

mais conforto. Isso ocorre em lugares de clima quente e seco. Entretanto, se a umidade do ar for elevada, a evaporação do suor é mais lenta, fazendo com que as pessoas tenham uma sensação desagradável.[4]

(Compare esta pergunta com o cap. I-8 e o cap. VIII-5)

5- Por que os faquires (pessoas que se deitam sobre camas de pregos) não se ferem em suas proezas?

Resposta: Sabemos que a pressão P que é exercida sobre um corpo obedece à relação F/A (força dividida pela área efetiva de contato entre os corpos). No caso do faquir, a existência de um grande número de pregos faz com que a pressão produzida pelo peso do corpo seja pequena, não atingindo um valor suficiente para furar a pele. Logo, o faquir não irá se ferir.[5]

(Compare esta pergunta com o cap. IV-8)

6- Por que nos países onde neva as pessoas jogam sal de cozinha na neve acumulada nas calçadas e nas ruas?

Resposta: Porque a mistura da água com o sal de cozinha tem um ponto de fusão menor que o da água

---

Para saber mais sobre o assunto, leia:

[4] MÁXIMO, Antônio; ALVARENGA, Beatriz. *Física* – volume único. 2. ed. São Paulo: Scipione, 2007. p. 306.

[5] MÁXIMO, Antônio; ALVARENGA, Beatriz. *Física* – volume único. 2. ed. São Paulo: Scipione, 2007. p. 152.

pura. Então, a neve derrete, mesmo se a temperatura for menor que 0°C. Se a temperatura descer abaixo de -10°C, o sal de cozinha já não resolve; é necessário jogar outro composto, como o $CaCl_2$ (até -25°C) ou o acetato de potássio, que é efetivo mesmo em temperaturas entre -26°C e -60°C.[6]

(Compare esta pergunta com o cap. IV-9)

7- Por que se mede a velocidade dos barcos em nós?

Resposta: Os primeiros barcos a viajar em alto-mar eram dotados de uma espécie de velocímetro bastante primitivo. Consistia em uma corda com uma das extremidades amarrada numa espécie de prancha pesada de madeira, e a outra enrolada em um cilindro, também de madeira. Essa corda era marcada com nós em intervalos regulares de 14,3 metros. Quando o barqueiro desejava saber a velocidade da embarcação, a prancha com a corda atada era lançada ao mar. Com o barco em movimento, a água freava a prancha, o que fazia com que a corda, enrolada ao cilindro que permanecia no barco, fosse se desenrolando. Com a ajuda de um relógio de areia, o barqueiro observava quantos nós se desenrolavam em determinado período de tempo. Estava definida a velocidade. Atualmente, esse método rudimentar não é mais usado, mas a unidade *nó* continua a ser utilizada para medição da velocidade dos barcos. Um nó, nos dias atuais, equivale a uma milha náutica por hora,

---

Para saber mais sobre o assunto, leia:

6 SLABAUGH, W.; PARSONS, T. *Química geral*. Rio de Janeiro: LTC, 1976. p. 170.

ou 1,852 quilômetro por hora. (A milha náutica é a distância correspondente a um minuto de arco da circunferência da Terra no Equador.)[7]

8- O que acontece quando o avião em voo sofre uma perda de altitude? (Os leigos costumam dizer que o avião entrou em vácuo.)

Resposta: Ao seguir uma rota onde o ar é estável, pode-se de repente entrar em uma região onde a densidade do ar é menor do que a da atmosfera em condições normais. A sustentação do avião depende da densidade do ar e da velocidade do avião. Então, ao entrar nessa região, o avião perde sustentação e, até que o piloto consiga fazer as devidas compensações nos comandos, o avião pode cair vários metros.[8]

(Compare esta pergunta com o cap. III-6)

Para saber mais sobre o assunto, leia:

[7] MELO, Celso P. de. A ciência dos descobrimentos. *Ciência Hoje.* Rio de Janeiro, SBPC, v. 27, n. 158, p. 16-23, mar. 2000.

[8] MÁXIMO, Antônio; ALVARENGA, Beatriz. *Curso de Física.* 6. ed. São Paulo: Scipione, 2005. v. 2, p. 75.

CAPÍTULO VII

Construções

1- Em pleno dia, sol brilhante, você está parado diante de um edifício alto com paredes de cores escuras. Por que as janelas envidraçadas parecem mais escuras do que as paredes?

Resposta: As paredes apresentam uma reflexão difusa, refletindo luz em todas as direções. Já as janelas envidraçadas transmitem a maior parte da luz que chega a elas e refletem muito pouco dessa luz. Assim, elas irão mostrar-se mais escuras para uma pessoa que as observe.[1]

2- Como funcionam as estufas?

Resposta: Nas estufas de plantas, o teto é feito de vidro ou plástico, que deixam passar praticamente toda a radiação proveniente do Sol. A radiação penetra na estufa e

Para saber mais sobre o assunto, leia:

[1] MÁXIMO, Antônio; ALVARENGA, Beatriz. *Física* – volume único. 2. ed. São Paulo: Scipione, 2007. p. 481.

grande parte dela é absorvida pelas plantas e outros objetos ali existentes. Por sua vez, as plantas e objetos se aquecem devolvendo radiação infravermelha ao ambiente interno da estufa. O ar aquecido permanece no interior da estufa, não havendo troca com o ar exterior. Sendo assim, é mínima a perda de calor.[2]

3- Por que os cabos elétricos que conduzem a eletricidade não são inteiramente esticados?

Resposta: Os cabos elétricos não são completamente esticados por causa da dilatação linear. Essa catenária, "barriga", deixada no fio, permite que ele se contraia ou dilate, o que é determinado pelas condições climáticas do local. Assim, ao deixar essa folga entre dois postes, evitamos uma tração e uma possível ruptura no fio, quando ele diminui de comprimento com a diminuição da temperatura.[3]

4- Por que os soldados não podem passar marchando sobre pontes?

Resposta: Porque, se casualmente os soldados marcharem com a frequência natural de oscilação da ponte, haverá ressonância entre os passos e a os-

Para saber mais sobre o assunto, leia:

[2] MÁXIMO, Antônio; ALVARENGA, Beatriz. *Física* – volume único. 2. ed. São Paulo: Scipione, 2007. p. 516.

[3] MÁXIMO, Antônio; ALVARENGA, Beatriz. *Física* – volume único. 2. ed. São Paulo: Scipione, 2007. p. 270.

cilação da ponte, podendo causar uma oscilação de grande amplitude que ultrapasse a resistência da estrutura da ponte e provoque danos a ela.[4]

5- Para que servem as chaminés metálicas que giram nos telhados de galpões?

Resposta: Essas chaminés possuem na parte superior um dispositivo móvel provido de aletas que se abrem de dentro para fora, quando a pressão do ar no interior é maior do que a externa, e se fecham naturalmente sob a pressão atmosférica. Como o escapamento do ar se faz tangencialmente às aletas, a chaminé se coloca em rotação. Quase sempre, a temperatura e, consequentemente, a pressão interna é maior, e as aletas se abrem. Assim, o ar interno é expulso, provocando uma baixa pressão que aspira o ar do ambiente interno, propiciando sua renovação.[5]

6- Por que a maquete de um edifício ou ponte pode ser construída de material pouco resistente, como papel ou gesso, enquanto o próprio edifício ou ponte, ampliados e mantendo as mesmas proporções, necessitam de material mais resistente na sua construção?

Resposta: Além de depender do material do qual é feita uma coluna, podemos verificar que a resistência dessa coluna é proporcional à área da sua seção reta, ou seja, quanto mais grossa for a coluna, maior será a sua resistência. Mas a área da coluna é proporcional ao quadrado de suas dimensões

---

Para saber mais sobre o assunto, leia:

4 HALLIDAY, D.; RESNICK, R.; MERRIL, J. *Fundamentos de Física*. 3. ed. Rio de Janeiro: LTC, 1994. v. 2, p. 35.

5 MÁXIMO, Antônio; ALVARENGA, Beatriz. *Física* – volume único. 2. ed. São Paulo: Scipione, 2007. p. 272.

lineares. (Ex.: A coluna mais grossa, feita de um mesmo material que a mais fina, e cuja seção reta tem dimensões lineares duas vezes maiores, terá uma resistência quatro vezes maior.)

Por outro lado, o peso de um corpo é proporcional ao seu volume. Mas o volume do corpo é proporcional ao cubo de suas dimensões lineares.

Consideremos uma pessoa de tamanho normal: seus ossos têm uma resistência tal que permita suportar o seu próprio peso com relativa facilidade. Suponha que ampliássemos de duas vezes todas as dimensões dessa pessoa, transformando-a em um gigante, mas com os ossos feitos do mesmo material. O seu peso tornar-se-ia oito vezes maior, enquanto a resistência de seus ossos aumentaria quatro vezes. O homem ampliado teria, assim, maior dificuldade de locomoção e menor agilidade, porque seus ossos estariam suportando uma compressão maior do que sua capacidade permitiria. Da mesma forma, ampliando-se demasiadamente as dimensões de uma estrutura, sem alterar o material usado em sua construção, ela poderá desabar sob a ação de seu próprio peso. Essas considerações aplicam-se a qualquer estrutura. A maquete de um edifício ou a de um automóvel podem ser feitas com material pouco resistente, como gesso, papel, etc. Entretanto, o próprio automóvel ou o edifício não poderiam ser construídos com esse tipo de material, uma vez que desabariam em virtude da desproporção entre o aumento do peso e da resistência, causados pela ampliação.[6]

Para saber mais sobre o assunto, leia:

[6] HEWITT, Paul G. *Física conceitual*. 11. ed. Porto Alegre: Bookman, 2011. p. 223.

CAPÍTULO VIII

O céu e a terra

1- Como é que os antigos descobriram o ciclo anual da Terra, apenas com observações feitas aqui na própria Terra?

Resposta: Através das regularidades dos movimentos dos astros. Uma dessas regularidades é o fato de o Sol nascer cada dia num lugar ligeiramente diferente do que no dia anterior. No Hemisfério Sul, a partir do dia 21 de junho, vemos o Sol nascer cada dia mais ao sul – até que, após o dia 21 de dezembro, inverte-se essa tendência. Esse dia é o dia mais longo do ano. A partir daí, o Sol nasce cada vez mais para o norte. Seis meses depois, no dia 21 de junho (quando temos a noite mais longa do ano), o Sol volta a inverter essa tendência. Esse dia marca o início do inverno. Completamos, assim, um ciclo, ou seja, um ano. Os antigos perceberam que esse ciclo durava 365 dias e achavam que o ano era o período em que o Sol

dava 365 voltas ao redor da Terra. Copérnico, porém, descobriu que esse é o período em que a Terra dá uma volta ao redor do Sol.[1]

2- Como são definidas as estações do ano?

Resposta: O dia mais longo do ano no Hemisfério Sul (21 de dezembro) marca o início do verão, e a noite mais longa do ano (21 de junho) marca o início do inverno. Entre esses dois marcos, existem duas datas em que o dia tem a mesma duração da noite. São os equinócios de primavera (entre o inverno e o verão) e de outono (entre o verão e o inverno). Vemos, então, que a determinação do ano e a de suas estações têm relação íntima com o movimento do Sol. Fica claro que o calendário não é apenas uma convenção, mas o resultado de observações astronômicas precisas.[2]

Obs.: nesta questão e na precedente (cap. VIII-1 e cap. VIII-2), deve-se notar que as datas variam de ano para ano, em torno de 21 de junho e de 21 de dezembro.

3- Por que a Lua parece ser maior quando vista no horizonte do que quando vista no alto do céu?

Resposta: Na verdade, a Lua conserva o mesmo tamanho. Contudo, ao observarmos a Lua quando ela está no horizonte, nós a comparamos com uma montanha, casa ou árvore que estejam na mesma direção, embora muito mais próximas de

---

Para saber mais sobre o assunto, leia:

[1] MÁXIMO, Antônio; ALVARENGA, Beatriz. *Física* – volume único. 2. ed. São Paulo: Scipione, 2007. p. 118.

[2] REVISTA NOVA ESCOLA. São Paulo, Fundação Victor Civita, v. XII, n. 107, p. 16, nov. 1997.

nós que a Lua. Essas são referências concretas para focalizarmos nosso olho, ao observarmos ambos. Isso nos dá a impressão de que a Lua é maior do que quando está no alto do céu: nessa segunda situação, não temos nada mais próximo para focalizar e assim nosso cristalino se adapta, como se estivesse observando um objeto muito distante, e temos a sensação de que seu diâmetro é muito pequeno. Para comprovar que isso é apenas uma ilusão de nossa vista, basta comparar o tamanho da Lua com o tamanho de uma moeda: primeiro, quando ela surgir no horizonte; depois, quando ela estiver no alto do céu. Veremos que a moeda encobrirá a Lua à mesma distância do nosso olho nas duas situações. A mesma ilusão acontece quando observamos o Sol: no poente, ele parece muito maior que quando visto no alto do céu. Para verificar isso, proteja seus olhos com vidro esfumaçado ou papel de radiografia antes de olhar o Sol a pino.[3]

4- Por que a poeira do solo lunar não forma nuvem de poeira, apesar de a força da gravidade ser pequena?

Resposta: Se um astronauta pegar um punhado de areia lunar e jogar para cima, ela cairá vagarosamente, com uma aceleração de apenas 1,5 m/s^2 (mais ou menos seis vezes menor que a aceleração de queda livre na Terra). Entretanto, ela não flutua como uma nuvem de poeira que vemos na Terra. Na Terra, por causa do vento ou dos choques

---

Para saber mais sobre o assunto, consulte:

[3] <http://ciencia.hsw.uol.com.br/questao491.htm>. Acesso em: jan. 2011.

da poeira com as moléculas do ar, as partículas ficam em suspensão formando a *nuvem* que dura certo tempo. Como não há atmosfera na Lua, as partículas caem diretamente para o solo.[4]

5- Por que quando cai uma chuva rápida em dias quentes você tem a impressão de que a temperatura aumenta ("mormaço")?

Resposta: Quando os primeiros pingos de água caem no asfalto ou em concreto quente, eles se evaporam rapidamente por causa da alta temperatura desses meios. Dessa maneira, a umidade do ar aumenta bastante, dificultando a evaporação do suor humano e dando a impressão de que a temperatura ambiente aumentou.[5]

(Compare esta pergunta com o cap. I-8 e o cap. VI-4)

6- *"Minha jangada de vela*
Que ventos querem levar?
De dia vento de terra
De noite vento de mar"

Como se formam as brisas marinhas?

Resposta: Durante o dia, ao receber radiações solares, a terra se aquece mais que a água do mar, já que o calor específico da água é maior que o da terra. Assim, o ar próximo à terra se aquece mais rapidamente e se dilata, tornando-se menos denso. Por isso o ar sobe, causando certa rarefação nessa região. O ar mais frio, situado sobre

---

Para saber mais sobre o assunto, leia:

[4] HALLIDAY, D.; RESNICK, R.; MERRIL, J. *Fundamentos de Física.* 3. ed. Rio de Janeiro: LTC, 1994. v. 2, p. 53-55.

[5] MÁXIMO, Antônio; ALVARENGA, Beatriz. *Física* – volume único. 2. ed. São Paulo: Scipione, 2007. p. 305.

o mar, desloca-se na direção da terra. Quando chega a noite, a terra se resfria mais do que a água, e os processos se invertem: sopra uma brisa da terra para o mar. O fenômeno pode também ser observado em lagos extensos, como a Lagoa dos Ingleses (município de Nova Lima, MG). Na costa brasileira, o fenômeno só pode ser observado na ausência de ventos alísios (fortes ventos que acompanham as correntes marítimas).[6]

7- Por que a posição da Lua interfere nas marés?

Resposta: As marés ocorrem devido à força de atração da Lua sobre a Terra. Essa força causa uma deformação na parte líquida da superfície do globo. Assim, enquanto o nível das águas sobe nas regiões voltadas para a Lua e nas diametralmente opostas, esse nível baixa nas demais regiões, o que provoca, respectivamente, a maré alta e a maré baixa. (O Sol também provoca marés, mas de efeito 2,5 vezes menor que o causado pela Lua.)[7]

8- Por que os balões sobem na atmosfera?

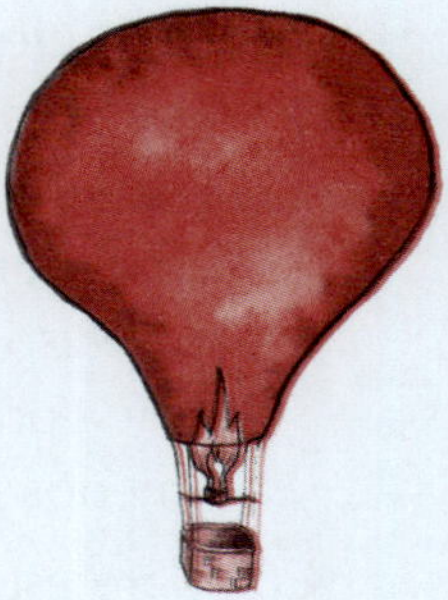

Resposta: Num balão a ar quente, seu interior, aquecido pela chama de um bico de gás, dilata-se. Parte do ar escapa para fora do balão, reduzindo sua densidade. O ar

---

Para saber mais sobre o assunto, leia:

6 REVISTA SUPERINTERESSANTE. Rio de Janeiro: Grupo Abril, ano 10, n. 5, p. 21, maio 1996.

7 MÁXIMO, Antônio; ALVARENGA, Beatriz. *Física* – volume único. 2. ed. São Paulo: Scipione, 2007. p. 126.

externo é portanto mais denso do que o interno. Os balões "de gás" são cheios com hélio, que é um gás menos denso que a atmosfera. Nos dois casos, o empuxo sobre o balão é maior do que o seu peso e faz com que ele suba na atmosfera.[8]

(Compare esta pergunta com o cap. III-5, o cap. III-9, o cap. IV-5 e o cap. VI-3)

9- Por que as nuvens de chuva parecem mais escuras do que as vistas nos dias secos?

Resposta: O brilho das nuvens depende da quantidade de luz espalhada por elas: quanto mais luz do Sol espalhada, mais claras elas parecerão. O espalhamento da luz se faz na superfície das gotas; assim, quanto mais superfície disponível, mais espalhamento ocorrerá. Nas nuvens de dias claros, existem muitas gotas pequenas e então a superfície efetiva para o espalhamento de luz é grande. Nas nuvens de chuva, as gotas se aglomeram, formando um número menor de gotas maiores, e, nesse caso, haverá menos superfície efetiva para espalhamento de luz, parecendo então mais escuras. Logo, não é preciso nos preocupar: as nuvens de chuva não são constituídas de água suja, apenas espalham menos luz.[9]

(Compare esta pergunta com o cap. II-21)

Para saber mais sobre o assunto, leia:

[8] MÁXIMO, Antônio; ALVARENGA, Beatriz. *Física* – volume único. 2. ed. São Paulo: Scipione, 2007. p. 272.

[9] LYNCH, D. K.; Livingston, W. *Color and light in nature.* Cambridge: Cambridge University Press, 1995. p. 134.

10- Como a luz do Sol chega até à Terra? Ondas luminosas não precisam de um meio material para se propagarem?

Resposta: A partir do século XVII, vários cientistas se preocuparam em estudar a natureza da luz, mas apenas no século XIX é que se chegou a uma definição sobre o assunto, dada por Maxwell, considerado o maior físico teórico da época. Maxwell descobriu que as ondas luminosas são ondas eletromagnéticas. Toda onda eletromagnética se propaga no vácuo com a velocidade da luz e não precisa de um meio material para se propagar. É devido a essa característica que a luz do Sol consegue chegar até a Terra.[10]

11- O que é uma estrela cadente?

Resposta: Estrelas cadentes não são estrelas. São, na verdade, partículas minerais ou mesmo rochas que vagam pelo espaço. Quando se aproximam da Terra, a força da gravidade terrestre as atrai com mais intensidade. Ao entrarem e caírem pela atmosfera, o atrito com o ar as aquece e as torna incandescentes, dando a impressão de que são estrelas caindo.[11]

Para saber mais sobre o assunto, leia:

[10] MÁXIMO, Antônio; ALVARENGA, Beatriz. *Física* – volume único. 2. ed. São Paulo: Scipione, 2007. p. 516.

[11] DUARTE, M. *O guia dos curiosos*. São Paulo: Cia. das Letras, 1995. p. 28.

Capítulo IX

Experimentos simples

1- Como podemos queimar uma folha de papel usando uma lupa ao Sol?

Resposta: A lupa, sendo uma lente convergente, direciona para um ponto os raios solares visíveis e também a radiação infravermelha, capaz de aquecer diversos tipos de material; assim, colocando-se uma folha de papel nesse ponto, ao absorver as radiações infravermelhas, o papel experimenta uma grande elevação de temperatura e entra em combustão, em contato com o oxigênio do ar.[1]

(Compare esta pergunta com o cap. V-2)

2- Por que é possível fazer uma agulha de aço boiar em um copo de água, uma vez que a agulha possui uma densidade muito superior à densidade da água?

Resposta: Porque, em um líquido em equilíbrio, as moléculas situadas próximas à superfície são atraídas, em sua parte inferior, pelas moléculas vizinhas; na sua parte superior, são atraídas por forças muito menores exercidas pelas moléculas de ar.

Para saber mais sobre o assunto, leia:

1 MÁXIMO, Antônio; ALVARENGA, Beatriz. *Física* – volume único. 2. ed. São Paulo: Scipione, 2007. p. 503.

Então, as moléculas da superfície se rearranjam e formam uma película elástica que resiste a forças externas exercidas sobre ela, dando origem ao que chamamos tensão superficial. É a tensão superficial que impede a agulha de penetrar no líquido: a agulha fica sobre a película, sustentada por ela. Se colocarmos a agulha na água pela ponta, ela fura a película e penetra na água, afundando no recipiente.[2]

(Compare esta pergunta com o cap. V-1)

3- É possível projetar um barco a vela cujo meio de propulsão seja um ventilador preso ao próprio barco, como em certos desenhos animados?

Resposta: Sim, mas o barco não será muito eficiente. Podemos considerar duas situações:

a) se o ventilador estiver apontando para trás, o barco se moverá para a frente em virtude da força de reação do ar empurrado sobre o ventilador (barcos para pântanos usam esse tipo de propulsão). No entanto, a vela aberta oferecerá uma força de resistência ao ar em sentido contrário à força de reação.

b) se o ventilador estiver apontando para a vela, assim que for ligado, o barco se moverá para trás por causa da reação sobre o ventilador. Quando o ar soprado pelo ventilador chegar à vela, a força sobre a vela vai cancelar a força de reação no ventilador. Teremos F(total)=0, mas, como o barco já estava se

---

Para saber mais sobre o assunto, leia:

[2] MÁXIMO, Antônio; ALVARENGA, Beatriz. *Física* – volume único. 2. ed. São Paulo: Scipione, 2007. p. 252.

movendo, continuará seu movimento para trás, se não houver atrito. Pode também ocorrer que nem todo o ar empurrado pelo ventilador chegue à vela, e, nesse caso, haverá uma pequena resultante de força que moverá o barco para trás (no sentido oposto ao vento provocado pelo ventilador). Nessa situação, mesmo na presença de atrito, o barco se moverá para trás.[3]

4- Por que não é possível dobrar um papel mais de dez vezes (sem enrolá-lo)?

Resposta: A espessura do papel dobrado é proporcional ao número de dobras; porém, a resistência que ele oferece contra ser dobrado é proporcional ao quadrado da espessura. No caso do papel sem dobras, temos $R=kE^2$, em que k é uma constante característica do papel, de sua qualidade, espessura inicial, etc. Após a primeira dobra, teremos uma espessura igual a $2E=(2^1E)$, e a resistência será $R=k(2E)^2$, ou seja, $4kE^2$. Após a segunda dobra, teremos uma espessura $4E=(2^2E)$. A resistência correspondente será $R=k(4E)^2$, ou seja, $16kE^2$. Após a terceira dobra, teremos uma espessura $8E=(2^3E)$. A resistência

Para saber mais sobre o assunto, leia:

[3] MÁXIMO, Antônio; ALVARENGA, Beatriz. *Física* – volume único. 2. ed. São Paulo: Scipione, 2007. p. 78.

correspondente será $R=k(8E)^2$, ou seja, $64kE^2$. Se conseguíssemos dobrar o papel dez vezes, teríamos então: $Espessura=1024E=(2^{10}E)\Rightarrow R=k(1024E)^2=1048576kE^2$. Note que a cada dobra a resistência do papel aumenta rapidamente, deixando de ser desprezível até se tornar muito grande. Normalmente conseguimos dobrar um papel no máximo até sete vezes. Após isso, o papel já está muito grosso para ser dobrado novamente.[4]

5- Por que quando mergulhamos parte de um lápis na água, obliquamente, e olhamos por cima, ele parece estar quebrado?

Resposta: Porque quando o raio luminoso passa de um meio para outro, no qual a velocidade de propagação da luz é diferente, ocorre uma mudança na direção de propagação da luz a que chamamos refração. O que vemos na verdade é a imagem formada pelos raios luminosos que chegaram aos nossos olhos após sofrer a refração. Como essa mudança de direção é diferente no caso de a luz atravessar o ar ou a água, temos a impressão de que o lápis está quebrado na interseção dos dois meios.[5]

Para saber mais sobre o assunto, leia:

4 MÁXIMO, Antônio; ALVARENGA, Beatriz. *Curso de Física*. 3. ed. São Paulo: Harbra, 1991. v. 1, p. 52.

5 MÁXIMO, Antônio; ALVARENGA, Beatriz. *Física* – volume único. 2. ed. São Paulo: Scipione, 2007. p. 496.

CAPÍTULO X

Substâncias

1- Por que a prata perde o brilho tão rapidamente e fica escura e o ouro não?

Resposta: Em contato com o oxigênio contido no ar, forma-se o óxido de prata na superfície dos objetos feitos com esse metal. Essa película de óxido de prata tem coloração escura e tira o brilho metálico do objeto. O ouro, por sua vez, é praticamente inerte, não formando óxido em contato com o ar, senão depois de muitos anos, e, portanto, mantendo seu brilho por muito mais tempo.[1]

2- O que determina a elasticidade dos materiais, ou seja, por que alguns tipos de material são flexíveis e outros não?

Resposta: Conforme sabemos, todos os corpos são constituídos de átomos. Dependendo da forma como os átomos se organizam

Para saber mais sobre o assunto, leia:

[1] SLABAUGH, W.; PARSONS, T. *Química geral.* Rio de Janeiro: LTC, 1976. p. 78.

na estrutura do material e interagem entre si, um corpo sob a ação de forças de tração pode esticar, se o deslocamento dos átomos não for suficiente para produzir a ruptura (um pedaço de borracha, por exemplo). Cessando a força de tração, os átomos voltam à posição anterior; é nisso que se constitui a elasticidade.[2]

3- O álcool congelado pega fogo?

Resposta: Quando se aproxima uma chama do álcool etílico congelado, sua camada superficial se funde rapidamente e entra em combustão. Com o calor provocado pelas chamas da combustão, mais "gelo" se derrete e se incendeia. O difícil é conseguir congelar o álcool etílico. Para que isso aconteça, é necessária uma temperatura de -117,3°C. (Obs.: há um álcool que é sólido à temperatura ambiente. É o álcool estearílico, que tem 18 átomos de carbono, ao passo que o etílico possui apenas 2.)[3]

4- Conta-se que Chico Rei guardava o ouro em pó retirado de sua mina em potes de 5ℓ. Dois ladrões tentaram roubar um pote cada um, mas não previam o peso do pote. Não conseguindo correr com o pote, foram apanhados pelos vigias. Qual o peso de cada pote de ouro?

Resposta: A densidade do ouro é igual a $19{,}3 g/cm^3$. Um pote de $5\ell (=5 dm^3 = 5 \times 10^3 cm^3)$, cheio de ouro, pesará:

Para saber mais sobre o assunto, leia:

[2] HALLIDAY, D.; RESNICK, R.; MERRIL, J. *Fundamentos de Física*. 3. ed. Rio de Janeiro: LTC, 1994. v. 2, p. 8.

[3] FELTRE, R. *Fundamentos de Química* – volume único. 4. ed. São Paulo: Moderna, 2005. cap. 1 e REVISTA SUPERINTERESSANTE. Rio de Janeiro, Grupo Abril, ano 7, n. 8, p. 16, ago. 1993.

$5 x 10^3 cm^3 x 19,3 g/cm^3 = 96,5 x 10^3 g = 96,5 kg!$[4]

Talvez date dessa época o dito popular "vergonha é roubar e não poder carregar"...

(Compare esta pergunta com o cap. V-5)

5- Assim como os corpos sólidos, os líquidos também têm seu volume aumentado ao ser aquecidos (dilatação). Com isso, sua densidade diminui. No entanto, a água possui uma dilatação irregular. Por que isso ocorre? Existem outras substâncias que apresentam o mesmo comportamento?

Resposta: É verdade que a água apresenta uma dilatação irregular: na faixa de temperatura de 0°C até 4°C, observamos que o volume de determinada massa de água diminui, ao aumentarmos sua temperatura. Observando o gráfico a seguir, podemos verificar que, enquanto a temperatura da água passa de 0°C a 4°C, seu volume diminui, ao contrário do que poderíamos esperar. Então, sua densidade aumenta, alcançando um valor máximo a 4°C. A partir de 4°C, se a temperatura

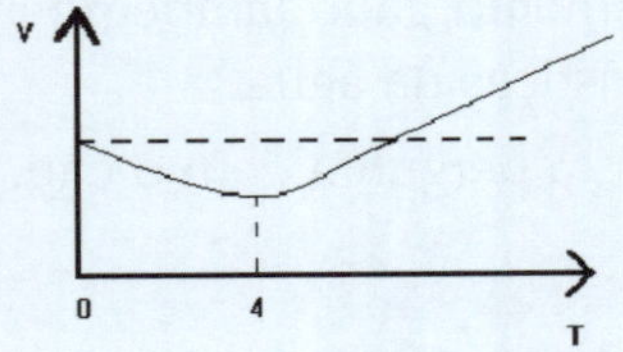

Variação do volume da água com a temperatura

Fonte: HALLIDAY, D.; RESNICK, R.; KRANE, K. S. *Física*. 4. ed. Rio de Janeiro: LTC, 1996. v. 2, p. 174.

Para saber mais sobre o assunto, leia:

[4] VASCONCELOS, A. *Chico Rei*. Belo Horizonte: Itatiaia, 1966 e HALLIDAY, D.; RESNICK, R; MERRIL, J. *Fundamentos de Física*. 3. ed. Rio de Janeiro: LTC, 1994. v. 2, p. 79.

aumenta, o volume também aumenta e a densidade diminui, como para os outros líquidos.

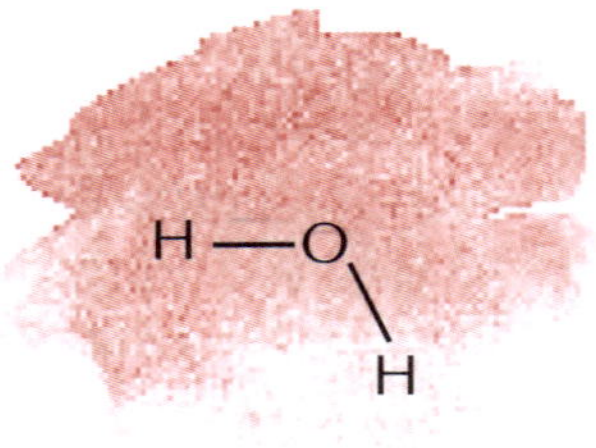

Molécula da água

Podemos compreender o fenômeno de uma forma simples, observando que a molécula de água é muito "pontuda": os dois átomos de hidrogênio não se distribuem de maneira simétrica com relação ao oxigênio.

No estado sólido, as moléculas se arranjam em posições regulares e ocupam muito espaço. Ao se liquefazer, aumenta a agitação térmica das moléculas, e elas conseguem se aproximar, desfazendo a estrutura regular e ocupando um volume menor. No entanto, à medida que a temperatura aumenta, a agitação térmica fará com que as moléculas se afastem umas das outras e o volume cresça novamente, voltando a água a ter uma dilatação como a dos outros líquidos.

O elemento gálio também tem as mesmas características da água.[5]

(Compare esta pergunta com o cap. II-8)

Para saber mais sobre o assunto, leia:

[5] MÁXIMO, Antônio; ALVARENGA, Beatriz. *Física* – volume único. 2. ed. São Paulo: Scipione, 2007. p. 265.

Este livro foi composto com tipografia Ottawa
e impresso em papel Offset 90 g/m² na Premiumgraf.